启明书系

又见芳华

我们眼中的中国植物

LIANcenter ◎组编

人民邮电出版社
北京

图书在版编目（CIP）数据

又见芳华：我们眼中的中国植物 / LIANcenter组编
. -- 北京：人民邮电出版社，2023.12
（启明书系）
ISBN 978-7-115-61845-0

Ⅰ．①又… Ⅱ．①L… Ⅲ．①植物－中国－普及读物
Ⅳ．①Q948.52-49

中国国家版本馆CIP数据核字(2023)第096144号

内 容 提 要

植物在我们的生活中无处不见，每一种植物都有其特点和独特的价值，它们装点着我们的生活，为我们提供各种有用的材料，并为人类文明的发展贡献了巨大的力量。在本书中，来自 LIANcenter 的 21 位博物画家向我们展示了他们精心创作的 76 幅作品，其中既有银杏、珙桐等中国孑遗植物，也有月季、菊花、牡丹等传统名花。除了精美的博物画，书中还介绍了每一种植物的特点、生活习性、分布、作用等。通过这些作品，我们能够进一步领略植物的神奇与美丽，让心灵在色彩与线条交织的乐章中得以舒展。

本书可供博物爱好者阅读。

◆ 组　编　LIANcenter
责任编辑　刘　朋
责任印制　陈　犇

◆ 人民邮电出版社出版发行　　北京市丰台区成寿寺路 11 号
邮编　100164　电子邮件　315@ptpress.com.cn
网址　https://www.ptpress.com.cn
雅迪云印（天津）科技有限公司印刷

◆ 开本：880×1230　1/16
印张：10　　　　　　　　　　2023 年 12 月第 1 版
字数：149 千字　　　　　　　2023 年 12 月天津第 1 次印刷

定价：108.00 元

读者服务热线：(010)81055410　印装质量热线：(010)81055316
反盗版热线：(010)81055315
广告经营许可证：京东市监广登字 20170147 号

序

六年前，LIAN 博物绘画发展中心（以下简称 LIANcenter）在北京成立，刘华杰老师亲临指导，李凤崧教授为挂牌揭幕。徐保军、王康、肖雁群、宋宝茹、何西平等和一批博物画家欢聚一堂，本人也在场。中国植物学会下属的植物科学绘画协会在完成《中国植物志》之后已经解体，LIANcenter 的成立是在我国博物画濒临低谷之时吹响的振兴号角，自此博物画何去何从有了新的思路，博物画爱好者和从业者又有了一个交流理念、切磋技法和展示作品的重要平台。除此之外，LIANcenter 还面向社会公众和中小学生开展了一系列活动，得到了国家环保部门、教育部门和共青团中央的大力支持，取得了良好的社会效益。

博物画有别于主流绘画，它以动植物为创作主题，用写实具象的手法反映动植物原初的自然状态，如实表现物种个体的形态特征以及环境因素，是一种功能性绘画。在博物画创作中，古今中外的写实主义技法和材质、媒介均可借鉴，博物画家应博采众长，兼收并蓄，自由发挥。博物画没有门派，大自然就是我们共同的老师。凡崇尚自然、热爱生命的人都有形象记录的欲望和创作的源泉。博物画没有门槛，老少咸宜，不论资排辈。不论是否有绘画专业背景，每个人都可以勇敢地拿起画笔，循其天性，畅其真情。面对自然，博物画家需要用眼睛去观察，用心灵去感悟，在学习实践中一点一滴地进行积累，一步一步地提高自己的创作水平。苦心人，天不负。你终将成为自由自在的博物绘画达人。博物绘画是人生的一种修为，当沉静心怀、融入大自然之中时，你会忘记世俗的纠结与烦恼，从容前行。博物绘画将陪你走向人生的充实和宁静。

在公众的生态意识日益觉醒的今天，博物画的关注者和实践者与日俱增。由于其自然属性和通俗朴素的绘画语言，博物画已经成为大众喜闻乐见的一种绘画形式。它能唤起人们对自然的认同感和亲切感，激发更多的人投入到关爱自然、关爱生命的行列中来。这是我们每一个博物绘画工作者的光荣使命。

本书收录了 21 位博物画家创作的 76 幅植物绘画作品，这是 LIANcenter 开展的系列活动的阶段性缩影。透过作品，可以看出这些创作者的个性特点、审美情趣以及创作的心路历程。当然，这些作品也显示出他们对创作主题的理解深度以及在画面构成、造型能力、色彩关系、细节刻画、虚实变化、氛围营造等方面的差别。这种差别正好形成了本书内容和形式的多样性。每一位创作者都用自己的方式，尽最大的努力把植物的生命特征再现出来，他们追求极致和完美。追求极致和完美是对的，但是客观上永远达不到极致和完美。

在 60 多年的绘画生涯中，我深切地体会到没有一幅作品能够达到预期的目标，因为我们的认知永远不可能和客观存在画上等号。我们看到和感悟的是局部，而我们未知的是无穷。提高绘画修养也是永无止境的，每幅作品总有欠缺和不足，我一辈子都在实践、改进和寻觅，不可能满足于一种模式和风格。也许这是画画人共同的感受。

追求是人生没有终点的长跑，这个过程或许就是一种享受，让你永远停不下来。让我们一起努力，向恒定的目标而去。从某种意义上讲，过程重于目标。

淡然于心，奋力笃行。

曾孝濂[1]

---

[1] 曾孝濂：中国博物绘画领军人，植物科学画家，邮票设计家，中国科学院昆明植物研究所教授级画家，中国科普作家协会美术专业委员会委员，中国云南美术家协会会员。将毕生的大部分精力奉献给巨著《中国植物志》的插图工作。 先后出版《云南花鸟》等多部画册，设计《杜鹃花》等多款邮票。 2022年曾孝濂美术馆作为中国第一个以博物画为主题的展览馆在昆明世博园落成。

目录

拉丁学名：*Gastrodia elata* Blume

作品类型：水彩

作　　者：赵宏

天　麻

天麻属于兰科腐生物种，已被世界自然保护联盟（IUCN）评为易危物种，并被列入《濒危野生动植物物种国际贸易公约》（CITES）的附录Ⅱ中，1999年8月被列为中国《国家重点保护野生植物名录（第一批）》Ⅱ级保护植物。2021年9月，天麻再次被国家林业和草原局、国家公园管理局列为《国家重点保护野生植物名录（第二批）》二级保护植物。天麻学名中的"gastrodia"一词源于希腊文，意思是"肚子、胃"，意指天麻的块茎状根状茎的形态；"elata"一词为拉丁文，意思是"高的"，意指花序像芝麻开花节节高。因此，"天麻"一词就是指花序类似于芝麻开花一样的上天之麻。

天麻对生境的要求比较苛刻，一般需要与蜜环菌共生，因此民间素有"有菌才有麻"之说。目前野生天麻的储量很少，人工有性繁殖在我国已获成功。天麻为中国传统名贵中药，已被列入《中国药典》。

这幅作品取材于山东昆嵛山国家级自然保护区。

图注：A. 茎及根状茎；B. 总状花序；C. 花正面观（左），花侧面观（右）；D. 花纵切面，示下位子房、唇瓣和合蕊柱；E. 带花梗和苞片的下位子房与合蕊柱（左），合蕊柱顶端的一枚可育雄蕊（中），合蕊柱及上方的药帽和花粉块（右）；F. 唇瓣，左为背面观，中为腹面观，右为侧面观；G. 蒴果；H. 蒴果纵切面，示里面的种子，微小，似粉末。

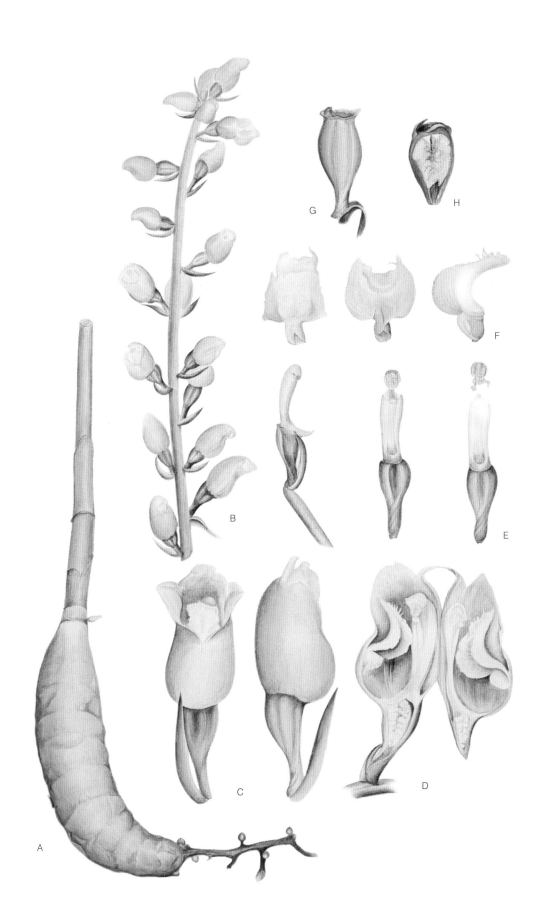

拉丁学名：*Chloranthus quadrifolius*（A. Gray）H. Ohba & S. Akiyama

作品类型：水彩

作　者：赵宏

银线草

银线草属于金粟兰科植物，其学名中的"chloranthus"源于希腊文，意思是"绿色花的"，意指花序在幼嫩期呈绿色；"quadrifolius"的意思是"具四叶的"，意指银线草通常有 4 片叶子生于茎顶。银线草为多年生草本植物，有香气；茎直立，叶对生，呈假轮生状。穗状花序单一，顶生；花在成熟期为白色，花期为 4~5 月。因其白色的线状药隔在顶生的 4 片假轮生叶的映衬下如银线一般，颇为明显，故谓之银线草。

银线草多分布于中国北部山区，喜阴湿环境。由于 4 片叶子集生于枝顶，形似瓦片，民间又称银线草为四块瓦。在《植物名实图考》中，也因为其 4 片叶子有一手遮天的霸气感觉，故称其为四大天王。

银线草为中国传统中药，能祛湿散寒、活血止痛、散瘀解毒，主治风寒咳嗽、风湿痛、闭经；外用治跌打损伤、血肿痛、毒蛇咬伤等症。银线草在民间有"打得周身垮，离不开四块瓦"的说法，对治疗风湿骨痛有较好的效果，被称为"神草"。根状茎还可以用于提取芳香油。全草有毒，切不可私自内服。

这幅作品取材于山东昆嵛山国家级自然保护区。

图注：A. 植株，茎直立，根状茎呈块茎状，横走、多节，生有须根；B. 左为雌雄蕊，右为雄蕊背面；C. 雌蕊，柱头截平；D. 穗状花序；E. 雄蕊，药隔基部连合，中央药隔无花药；F. 果序，核果近球形，绿色。

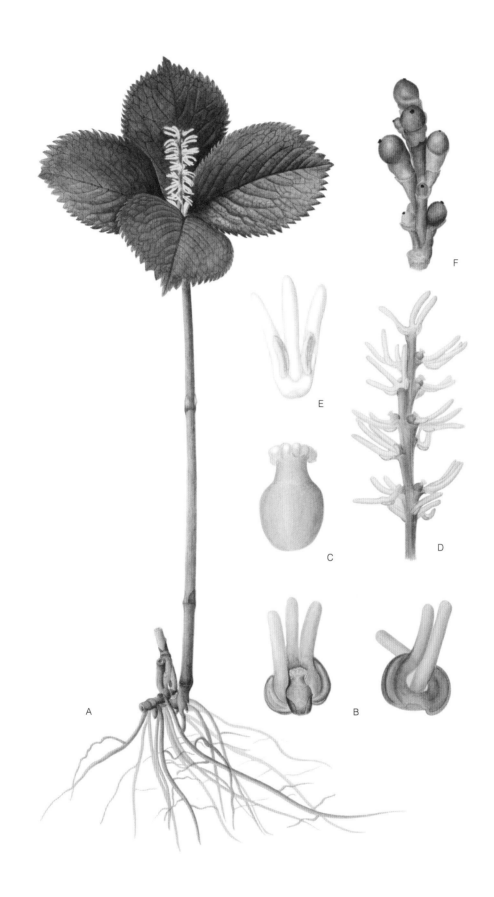

A B C D E F

拉丁学名: *Castanea mollissima* Blume

作品类型: 水彩

作　　者: 赵宏

栗

栗属于壳斗科植物，其学名中的"castanea"源于希腊文，为植物原名；"mollissima"的意思是"软的、有毛的"，意指嫩芽和新叶被软毛。栗为乔木，叶羽状侧脉在齿缘形成芒尖；雄花为穗状花序，直立，位于花序轴的上部；雌花多为3朵聚生于一壳斗（总苞）内，位于花序轴的下部。壳斗外壁具有密集的芒刺；壳斗内有栗褐色坚果1~3个，这种坚果通常称为栗子。

栗俗称板栗，其栽培在我国至少有2500年的历史，最早见于《诗经》中的诗句"东门之栗，有践家室"。民间流行有"小刺猬，毛外套，脱去外套露红袍，红袍裹着毛绒袄，袄里睡个白宝宝"的谜语。关于板栗，还有这样的传说故事。相传唐朝末年晋王李克用率兵追寇，追至中途粮草中断，将士们行军劳乏、食不果腹，军心不稳。晋王恰巧看见附近山上的栗树茂密，便命将士们采摘板栗蒸熟后充饥。将士们吃完之后，顿觉乏累全无、士气大振，便乘胜追击，大获全胜。由于李克用曾任河东节度使，因此板栗也有了"河东饭"之称。板栗素有"干果之王"的美誉，富含B族维生素和多种营养物质。板栗猪蹄、板栗炖鸡等都是美味佳肴。

这幅作品取材于山东昆嵛山国家级自然保护区。

图注: A. 果枝，示总苞和果皮打开露出种子; B. 花序枝; C. 雄花; D. 雄蕊; E. 雌花; F. 总苞横切面，示内含3朵雌花; G. 带芒刺的总苞裂开后露出的坚果; H. 坚果和种子。

拉丁学名：*Broussonetia papyrifera* (L.) L'Hér. ex Vent.

作品类型：水彩

作　者：赵宏

构　树

　　构树属于桑科物种，其学名中的"broussonetia"源于法文，用于纪念法国医生、植物学家布鲁索内（1761—1807）；"papyrifera"意为"可造纸的"。构树为乔木，有乳汁；叶不分裂或有3~5裂；雌雄异株，雄花序为柔荑花序，雌花序为头状花序；聚花果成熟时为橙红色，肉质。

　　构树的别名很多。《诗经》中有"黄鸟黄鸟，无集于榖""爰有树檀，其下维榖"等诗句，其中的"榖"即为构树。构树在《名医别录》和《植物名实图考》中记载为楮，在《救荒本草》中记载为楮桃。树皮纤维即为优良的造纸原料。构树也是生态上植物演替的一个先锋物种，正如《酉阳杂俎》所言："构，田废久必生。"因此，构树是分布极为广泛的一个物种。构树亦称"药树"，乳汁可治神经性皮炎；根皮、叶熬水，可祛风止痒，清热解毒，凉血止血，治疗水肿和毒疮，具有利尿功效。构树的聚花果在中药中称为"楮实子"，《本草纲目》《药性通考》等名典中皆有记载，也被载入《中国药典》。《本草新编》称楮实子为"补阴妙品，益髓神药"。楮实子可食，也是鸟儿们的最爱。

　　这幅作品取材于山东大学威海校区。

图注：A. 枝叶；B. 雄花序枝，示雄性柔荑花序；C. 雄花；D. 成熟的带花被的果及周边苞片；E. 雌蕊；F. 雌花序；G. 聚花果枝；H. 种子。

拉丁学名：*Causonis japonica* (Thunb.)Raf.

作品类型：水彩

作　　者：赵宏

乌蔹莓

　　乌蔹莓为葡萄科物种，草质藤本，靠卷须攀援；鸟足状五小叶复叶；二歧聚伞花序；花盘发达，橘红色至粉色。

　　乌蔹莓在我国分布广泛。《诗经》里有"蔹蔓于野""蔹蔓于域"等诗句，其中提到的"蔹"即为乌蔹莓。全草入药，在《本草经集注》《唐本草》《本草纲目》中均有记载，在抗菌、消炎消肿方面的疗效显著，在民间被誉为疮科圣药。

　　乌蔹莓的传粉策略和智慧更是让人叹为观止。花序中的每朵花都很小，中央有一个像四棱形烛台的结构（称为花盘），子房下部与其合生。有研究表明，每朵小花花盘的颜色及其分泌的花蜜会有规律地变化。花盘的发育有两个橙色阶段，其中第一个橙色阶段是雄蕊的花药释放期，花盘分泌花蜜吸引传粉昆虫，被称为雄花期。花粉被昆虫一次次带走后，雄蕊枯萎，花盘变成粉色，提示昆虫此处已无花蜜，不要徒劳访花。此时，花中的雌蕊逐渐发育成熟。待雌蕊柱头完全成熟可以受粉时，花盘再次变为橙色，分泌更多的花蜜吸引昆虫再次访花，让昆虫带来异源植物的花粉为柱头授粉，这个时期被称为雌花期。柱头受粉后变成黑色，花盘再次变为粉色。

　　这幅作品取材于山东大学威海校区。

图注：A. 花枝，鸟足状五小叶复叶，二歧聚伞花序；B. 花，花瓣 4（稀 5），与雄蕊对生；C. 发达的花盘，子房深陷于花盘内；D. 浆果；E. 子房纵切面；F. 子房横切面；G. 种子。

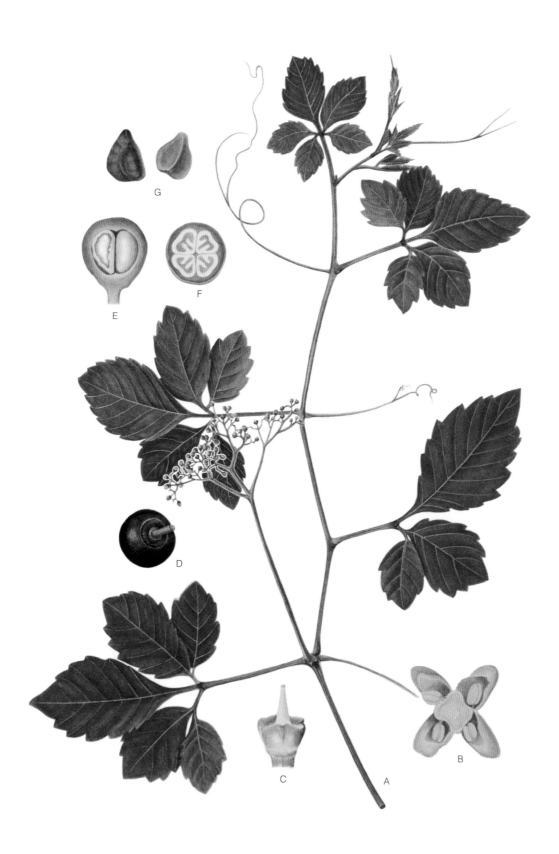

拉丁学名：*Davidia involucrata* Baill.

作品类型：水彩

作　　者：陈东竹

珙 桐

　　珙桐，落叶乔木，高 15~20 米，俗称鸽子树、鸽子花树等，有"活化石"之称。珙桐是国家一级重点保护植物中的珍品，因其花形酷似展翅飞翔的白鸽而被西方植物学家称为"中国鸽子树"。

　　2018 年，我第一次去北京植物园（现国家植物园）看珙桐时，花期将过。此后每年我都会去看珙桐开花，但都没能赶上盛花期。2022 年 4 月中下旬，我又一次来到国家植物园，走进宿根花卉园。远远望去，满树繁花洁白如玉、飘逸如羽，微风拂过，犹如成群的白鸽翩翩欲飞，甚为赏心悦目。初花期的珙桐花呈淡淡的绿色，然后变为乳白色，最后变为棕黄色脱落。生长在北方的我有幸在国家植物园中见到珙桐花，怎能不被这些美丽的小鸽子所吸引？

　　珙桐是第三纪留下的孑遗植物。在第四纪冰川时期，大部分地区的珙桐相继灭绝，仅在我国南方的一些地区幸存下来，在北京地区栽培成活，极为稀少。珙桐的花型奇美，是我国独有的珍稀名贵观赏植物。

拉丁学名：*Lamprocapnos spectabilis*（L.）Fukuhara

作品类型：水彩

作　　者：陈东竹

荷包牡丹

　　荷包牡丹是罂粟科荷包牡丹属的一种多年生草本植物，株高30～60厘米，具肉质根状茎；茎直立，呈圆柱状；叶二回三出全裂，形似牡丹；总状花序长约15厘米，有花8~11朵，于花序轴的一侧下垂；花梗长1~1.5厘米；基部为心形，花瓣为紫红色至粉红色，花垂向一边，形似荷包；花期为4~6月。因它的叶片与牡丹的叶片相近，花呈心形，像中国古代的荷包一样垂于花枝之下，故而得名"荷包牡丹"。

　　荷包牡丹产于我国北部（北至辽宁），四川、云南也有分布，生长于海拔780~2800米的湿润草地和山坡上。日本、朝鲜、俄罗斯也有分布。

　　荷包牡丹味辛、苦，性温，全草可入药，有镇痛、解痉、利尿、调经、散血、和血、消疮毒等功效。荷包牡丹最宜布置在花境、花坛中，也可以盆栽，还可以点缀岩石园或在林下大面积种植。

　　这幅作品取材于国家植物园（北园）宿根花卉园。

拉丁学名：*Caragana rosea* Turcz. ex Maxim.

作品类型：水彩

作　　者：陈东竹

红花锦鸡儿

　　红花锦鸡儿是豆科锦鸡儿属的一种多分枝直立矮小灌木，高 0.4~1 米。树皮呈绿褐色或灰褐色，小枝细长，具条棱；托叶在长枝者演化为细针刺，长 3~4 毫米，在短枝者脱落；叶柄长 5~10 毫米，脱落或宿存成针刺；叶呈假掌状；花冠呈黄色，凋落时变为红色；荚果为圆筒状，长 3~6 厘米。花期为 4~6 月，果期为6~7 月。

　　红花锦鸡儿分布于我国东北、华北、华东以及河南、甘肃南部，生于山坡上、沟边或灌丛中。红花锦鸡儿枝繁叶茂，花冠的颜色为黄中带红，形似金雀，花、叶、枝可供观赏。红花锦鸡儿在园林中可丛植于草地上，或配植于坡地上、山石旁，或作为地被植物。

　　这幅作品取材于北京市龙潭湖公园。

拉丁学名：*Hibiscus syriaous* L.

作品类型：水彩

作　　者：陈东竹

木　槿

　　木槿是锦葵科木槿属的一种落叶灌木，叶为卵状三角形至菱形，长5~10厘米，宽2~4厘米，先端钝，基部呈楔形。叶缘生有不整齐的齿牙，叶表面被星状毛。花单生于叶腋，呈淡紫色，花瓣呈倒卵形，雄蕊筒长约3厘米，蒴果为卵圆形。木槿分布于河北、陕西、山东以及华中、华南、西南各省。

　　木槿原是单瓣花，经历代选育栽培，在南北朝时期已出现重瓣花。目前，木槿的品种很多，有单瓣、半重瓣及重瓣品种。花色有玫瑰红、粉红、淡紫色、白色等。木槿是夏秋季的重要观花灌木，自古多栽种于庭院或用作围篱。

　　木槿早上开花，傍晚即凋萎，所以有"槿花不见夕，一日一回新"的诗句。《诗经·郑风》中有"有女同车，颜如舜华"，用木槿花形容女子容颜美丽。"舜华""舜英"都指木槿花，因其朝开暮谢，所以在文人心中它只有瞬息之美，有颜如木槿花的美女同行，永远是一件快乐的事情。

　　木槿花还可用于制药，有清热解毒、凉血的功效。

　　这幅作品取材于作者所住小区周边，为重瓣品种。

拉丁学名：*Punica granatum* L.

作品类型：水彩

作　　者：陈东竹

石 榴

石榴是千屈菜科（原石榴科）石榴属植物，树干呈灰褐色，有片状剥落。嫩枝光滑，为黄绿色，枝端多为刺状，无顶芽。单叶对生或簇生，呈长圆状披针形或倒卵状披针形。花生于枝顶或叶腋处，花萼呈钟形，为肉质，先端6裂，表面光滑，具蜡质。花红似火，果期为9～10月。石榴的果肉晶莹剔透，甘酸生津。

石榴原产于巴尔干半岛至伊朗及其邻近地区，全世界的温带和热带地区都有种植。我国栽培石榴的历史可上溯至汉代，据传是由张骞引入的。历代文献中有关石榴的记述很多，如《名医别录》《齐民要术》《图经本草》和《本草纲目》中均有记载。这些历史文献反映了我国劳动人民在石榴栽培和利用方面的经验和贡献。

石榴是一种常见果树，我国南北方均有栽培，并培育出一些较优质的品种。江苏、河南等地的石榴种植面积较大。石榴叶翠绿，花大而鲜艳。各地公园和风景区常种植石榴，以美化环境。

这幅作品取材于作者所住小区附近的街心公园。

拉丁学名：*Inula helenium* L.

作品类型：水彩

作　　者：陈小芸

土木香

　　土木香是菊科多年生草本植物。基部和下部的叶片呈椭圆状披针形，连柄长 30~60 厘米，宽 10~25 厘米，边缘有不规则的齿或重齿，叶片上表面被疣状糙毛，下表面被黄绿色密绒毛。中部的叶片呈卵圆状披针形或长圆形，长 15~35 厘米，半抱茎。上部的叶片呈披针形。

　　头状花序直径为 6~8 厘米，排成伞房状，花序梗长 6~12 厘米，为苞叶所包被。总苞片达 5~6 层，外层为草质，呈宽卵圆形，先端常反折，被绒毛；内层呈长圆形，先端为卵圆状三角形，呈干膜质，背面有疏毛，缘毛较外层长 3 倍。舌状花呈黄色，长 2~3 厘米，先端有 3~4 个浅裂片。管状花长 0.9~1 厘米，裂片呈披针形；冠毛为污白色，长 0.8~1 厘米。花期为 6~9 月。土木香在我国分布于新疆，其他许多地区常有栽培。

　　土木香是《中国药典》收录的一种草药，具有健脾和胃、调气解郁、止痛安胎等功效。土木香精油有镇静、杀菌、退烧和驱虫的作用，可作为消炎药、抗微生物制剂。

　　这幅作品是为《家庭中医药》杂志的封面绘制的，取材于国家植物园（南园）。当时，我被它那巨大而优美的叶片所吸引。

拉丁学名: *Trollius chinensis* Bunge

作品类型：水彩

作　者：陈小芸

金莲花

金莲花为毛茛科金莲花属多年生草本植物，植株无毛，高达70厘米，茎不分枝。

金莲花的花型酷似小型莲花，花色为艳丽的金黄色，故而得此名。相传在金代大定初年，金世宗完颜雍游幸至上都河畔，看到大片茂盛的金莲花，"花色金黄，七瓣环绕其中，一茎数朵，若莲而小，六月盛开，一望遍地，金色灿然"。他被这壮观的植物群落震撼了，联想到"莲者连也"，遂取"金枝玉叶相连意"，故称此种奇异之花为"金莲花"。

《本草纲目拾遗》《山海草函》等书中记载金莲花具有消肿、清热解毒、明目的功效。除此之外，金莲花也是观赏植物，在部分城市已成为园林花卉。

金莲花主要分布于我国东北三省及内蒙古、河北、山西等地区，喜欢冷凉湿润的环境，大多生长在海拔1800米以上的高山草甸和疏林地带。

这幅作品是为《家庭中医药》杂志的封面绘制的，取材于国家植物园（南园）。

拉丁学名：*Prunus mume f. purpurea* T. Y. Chen

作品类型：水彩

作　　者：陈小芸

朱砂梅

　　朱砂梅是小乔木，高达 4~10 米。朱砂梅先开花后长叶，花蕾呈倒卵形，花瓣呈紫红色，花萼呈绛紫色，花型齐整，香味较浓。叶片为卵形或椭圆形，呈灰绿色，长 4~8 厘米，宽 2.5~5 厘米，叶缘有小齿。绿色枝条直伸或斜展，既不下垂成拱形也不弯曲。树干上有竖纹褶皱，新生小枝的木质部为深红色，即人们所说的"骨里红"。这是朱砂梅最主要的特征。

　　梅花本不是北方植物，原产于江西等地，长江以南各省最多。经过科学家的培育引种，现在梅花也能在北方生长得很好。朱砂梅是颜色最深的梅花。这幅作品取材于国家植物园，重点表现了朱砂梅厚重的颜色以及花蕾初开和盛开时的状态。

拉丁学名：*Lilium brownii* F. E. Brown ex Miellez

作品类型：水彩

作　　者：陈小芸

野百合

　　野百合原产于中国，是百合科百合属的多年生草本植物。鳞茎呈球形，鳞片呈披针形，为白色。茎高 0.7~2 米，有紫色条纹；叶散生，呈披针形、窄披针形或条形，两面无毛；花呈喇叭形，单生或几朵排列在一起，有香气，乳白色中带有紫色，无斑点；雄蕊向上弯，有稀疏的毛或无毛。

　　野百合分布于我国华东、华南、中南、西南以及陕西、甘肃、河南等地。鳞茎富含淀粉，可食，也可药用，具有清热、利湿、解毒、消积等功效，可养阴润肺、清心安神。

　　这幅作品是为《家庭中医药》杂志的封面绘制的。

拉丁学名：*Spathodea campanulata* Beauv.

作品类型：丙烯

作　　者：陈小芸

火焰树

　　火焰树是紫葳科火焰树属的一种落叶乔木，高达 10 米。树皮平滑，呈灰褐色；羽状复叶对生，连叶柄长达 45 厘米；小叶呈椭圆形至倒卵形；伞房状总状花序密集顶生；花冠一侧膨大，基部紧缩成细筒状，檐部近乎钟形，呈橘红色，具有紫红色斑点，内面有突起的条纹。蒴果为黑褐色，长 15~25 厘米，宽 3.5 厘米；种子具周翅，近圆形，长和宽均为 1.7~2.4 厘米。火焰树分布于广东、福建、台湾以及云南西双版纳等地。

　　火焰树开花时花朵多而密集，花色艳丽，形如火焰，满树开花时的景象更为壮观，故名"火焰树"。这幅作品是我在 2019 年跟曾孝濂老师在西双版纳植物园写生时完成的。火焰树的花一般都开在树梢上，唯独我们写生时看到的这棵树有一根往下弯曲的树枝上开满了花。

　　本作品参加 2023 年西双版纳植物园首届博物画展。

拉丁学名：*Rosa chinensis* Jacq.

作品类型：水彩

作　　者：陈小芸

粉扇月季

中国是月季的故乡，月季也是我国的传统名花。月季属蔷薇科蔷薇属，复叶的特征是具 3~5 枚小叶，花有单瓣和重瓣，花色以红色为主，兼有粉红、玫瑰红、黄、白等色。经过长期的园艺改良和杂交，已形成近万个月季品种。

粉扇月季为月季的新品种，花径达 12~18 厘米，有淡淡的香味，多季重复开花。株高 80~120 厘米，叶片呈浅绿色，嫩刺为浅红色，老刺为豆绿色，刺体较大，密度较小。粉扇月季花大色艳，花期长，开花能力超强，适应性极强。南至两广，北达东北地区南部，粉扇月季都能适应当地气候，是非常优良的月季品种。

11 月的广东，月季还在盛开。粉扇月季的颜色和硕大的花朵吸引了我在广东佛山文华公园完成了这幅作品，并荣获中国南阳首届云赏月季科学艺术画展特别奖。

拉丁学名: *Paris polyphylla* Smith

作品类型: 水彩

作　　者: 陈小芸

七叶一枝花

　　七叶一枝花是藜芦科重楼属草本植物。叶片为长圆形或倒卵状长圆形，呈绿色，膜质或纸质；花梗长 5~24 厘米；果实近乎球形，呈绿色，直径达 4 厘米。

　　七叶一枝花又叫重楼、七叶莲，为多年生草本植物，茎直立，叶轮生于茎顶，通常有叶 7 片，其状如伞，似叠叠楼层。花梗为青紫色，从茎顶抽出，顶生一花，因其形态为一茎七叶，故名七叶一枝花。七叶一枝花分布于我国西藏东南部、云南、四川和贵州等地。

　　七叶一枝花的株型奇特，颇为美观。据有关记载，七叶一枝花具有清热解毒、消肿止痛等功效。它的药用价值主要集中在根上，药用历史悠久。七叶一枝花在 2021 年被列为中国国家二级重点保护野生植物。

　　这幅作品是为《家庭中医药》杂志的封面绘制的。

拉丁学名：*Dysosma pleiantha*（Hance）Woodson

作品类型：彩铅

作　　者：陈钰洁

六角莲

六角莲是小檗科鬼臼属多年生草本植物，高 20~60 厘米，全株无毛，根状茎粗壮，呈结节状。叶片近乎圆形，盾状着生，直径为 16~35 厘米，边缘有针状细齿，主脉呈辐射状。叶柄长 10~28 厘米，具纵条棱。花聚生于两个叶柄交叉处，下垂；萼片为淡绿色，早落；花瓣呈深紫色。浆果近乎球形，成熟时呈紫黑色。花期为 3~6 月，果期为 8~10 月。

六角莲不是莲花，叶片也不是六角形。六角莲通常只有两片厚实如盾的大叶片，常常低调地生长在山坡林下的阴湿处。这幅作品是我用彩铅创作的第一幅植物画。2011 年，刚毕业的我来到杭州植物园工作。面对园里各种新奇的植物，我觉得既熟悉又陌生，它们与我从课本上学习的植物仿佛都对不上号。刚开始工作的那几年，我没有觉得身边的植物有什么不同，直到有一天发现这种叶子像荷叶一样的植物，它的叶子下面还藏着花。我突然发现换个视角观察植物是这般有趣，这个惊喜的发现开启了我从事植物绘画的旅程。

六角莲又称山荷叶，是我国重点保护的野生植物，在杭州植物园的百草园中就有栽培。由于花朵着生在底部，观察它的时候需要蹲下来扒开叶片才能看见，路过的游客总是非常好奇我在看什么或者找什么。

经过一个月左右的时间，我终于完成了这幅作品。后来，这幅作品在第十九届植物学大会的植物绘画展上展出。

拉丁学名：*Mosla hangchowensis*
Matsuda

作品类型：彩铅

作　　者：陈钰洁

杭州石荠苧

　　杭州石荠苧属于唇形科石荠苧属，是我国特有的一年生草本植物。茎高50~60厘米，多分枝，分枝纤弱，茎、枝均为四棱形，被短柔毛及棕色腺体，有时具混生的平展疏柔毛。叶呈披针形，上表面为橄榄绿色，下表面为灰白色，边缘具疏齿。总状花序顶生于主茎及分枝上，长1~4厘米。花冠为紫色，外面被短柔毛。小坚果呈球形，为淡褐色，具深窝点。花果期为6~9月。

　　杭州石荠苧的分布区域极窄，仅限于我国东南部沿海地区，即浙江省的杭州、天台、普陀、临海以及福建省的惠安等地。由于近年来人类活动的影响，其种群数量迅速减少，分布面积减小，已成为濒危植物。杭州石荠苧的茎叶枝干非常不起眼，但开花时簇生在茎顶和枝顶的粉紫色小花很有趣。

　　2017创作这幅作品的时候，我经历了"模特"丢失事件，后又找了个新"模特"重新起稿。杭州植物园里有许多珍稀濒危物种，请大家保护好它们。真希望有一天还能看见满山开满淡紫色花朵的杭州石荠苧。

拉丁学名：*Tricyrtis macropoda* Miq.

作品类型：彩铅

作　　者：陈钰洁

油点草

油点草属于百合科油点草属，是一种多年生草本植物。它的茎直立，叶互生，花单生或簇生，蒴果直立或点垂，狭距呈圆形。种子小而扁，呈卵形或圆形。花果期为9月。因花和叶片都有紫色油斑，故被称为油点草。油点草喜欢温暖湿润的环境，但不能暴晒，又耐干旱和半阴，较耐寒。油点草生长在山坡、沟边的杂草中或竹林下，主要分布在浙江、江西、湖北、四川、陕西以及华南等地区。

我第一次接触油点草是在某一年的10月下旬，那时正是它的花期。油点草的花长得很奇特，花苞像火箭炮，蓄势待发，而花冠像小灯笼，布满了紫红色斑点。根据文献中的记载，油点草上的油点其实分布在叶子上，但是不知为什么花期中的油点草并没有明显的油点。直到第二年开春，我再次看见它的时候才发现原来新长的叶片上才有明显的油点，随着植株的生长，油点又逐渐变淡或者消失了。若你没有持续地观察它，怕是很难发现这种奇特的现象。

油点草的生命周期非常有趣：半年时间枝叶生长，半年时间花朵绽放。从12月到次年5月，它只是默默地生长，静静地储备能量；6~11月，二岐状聚伞花序上美丽的花朵便不断开放。每次走过杭州植物园百草园中的小路，我总是像老朋友一样和它打个招呼，然后默默地感叹不论时间怎么流逝，它总是这样生生不息地在这片土地上长叶、开花、结种子，然后悄悄消失，又悄悄萌发。

这幅作品后来被用在了《杭州植物志》的封面上。

拉丁学名：*Camellia polyodonta* How ex Hu

作品类型：彩铅

作　　者：陈钰洁

多齿红山茶

　　杭州植物园的分类区里有一片山茶科植物，它们在每年冬天到第二年春天陆续绽放，引得游人纷纷驻足观赏。它们当中有一种叶子上的花纹特别明显的茶花，名叫多齿红山茶。

　　多齿红山茶又名宛田红花油茶，是山茶科山茶属的一种小乔木。真是名副其实，多齿红山茶的叶缘有非常多的小齿，叶片给人又硬又厚的质感。它的株高可达8米，嫩枝无毛。叶片呈椭圆形至卵圆形，先端阔而急长尖，基部为圆形，上表面为褐绿色，略有光泽，下表面为红褐色，稍发亮，无毛。它最明显的特征便是叶脉下陷，小齿明显。

　　多齿红山茶的花为顶生及腋生，呈红色，无柄。盛花期来临的时候，我们从远处就能看见火红的花朵，在墨绿色叶片的映衬下，给人眼前一亮的感觉。多齿红山茶的花初开时像一口口小钟挂在树梢上，步入末期的花显得有些憔悴，还有些整朵整朵地掉落在草地上。不过，它的花期可从12月开至第二年4月初，给我们留足了观赏时间，不像有些花错过一天便要等一年。

拉丁学名：*Rosa rugosa* Thunb.

作品类型：水彩 + 彩铅

作　　者：陈钰洁

玫　瑰

　　玫瑰是蔷薇科蔷薇属的一种灌木，原产于我国华北以及日本和朝鲜等地，杭州植物园的百草园内有栽培。我们平日总把月季叫作玫瑰，没想到玫瑰这个正主就在身边。在一天午间休息的时候，我发现玫瑰开花了，还没来得及靠近就被它满身的皮刺给吓到了。带刺的玫瑰，真是一点也不假。花瓣上有好多褶皱，叶片上的褶皱就更多了。当时玫瑰还没有结果，我画下了植株在花期中的样子。等到果实成熟时，我再去仔细地观察它们。

拉丁学名：*Calycanthus chinensis* W.
C.Cheng & S.Y.Chang

作品类型：彩铅

作　　者：陈钰洁

夏蜡梅

　　夏蜡梅是蜡梅科夏蜡梅属的一种落叶灌木，为中国特有植物。夏蜡梅原产于浙江山区，是国家二级重点保护植物、濒危物种。

　　在杭州植物园中，七星古梅的山脚下有一小片夏蜡梅。低矮、喜阴的夏蜡梅藏在密林之下，中间有溪涧相隔，地面密草丛生。虽然和蜡梅为同科物种，但夏蜡梅的花期完全不同。前者在寒冬腊月开花，后者在4月中下旬到5月开花。若不细心观察，便错过了花期。

　　2017年4月，我对夏蜡梅做了仔细的生长观察记录，选取了花枝和瘦果进行创作，用彩铅绘画的形式描绘夏蜡梅的美丽。

拉丁学名：*Yulania amoena*（W.C.Cheng）D.L.Fu

作品类型：彩铅

作　者：陈钰洁

天目玉兰

天目玉兰，也叫天目木兰，是玉兰家族里的一个中国特有的珍稀濒危物种，秀美可人。近几年，杭州植物园的天目玉兰总会在春天的某几天成为网红。

春日艳阳下，万千粉白竞相开放。花朵初开时如春笋般娇纤，绽放后似红莲般摇曳。由于花期非常短暂，为了能更好地记录它的美丽，我用画笔将所见的美丽花枝画下。次年花开的时候，我会再次回到天目玉兰树下，欣赏它绝美的身姿。

天目玉兰的自然分布范围狭窄，个体数目较少，零星分布于江浙皖赣等地。2014 年《世界自然保护联盟濒危物种红色名录》将其列为易危等级。

拉丁学名：*Delphinium siwanense* Franch.

作品类型：墨线、水彩

作　　者：陈海瑶

冀北翠雀花

　　冀北翠雀花属于毛茛科翠雀属，产于河北、山西、内蒙古等中国北部地区，生长于海拔 1300~2100 米的山地草坡上或河滩灌丛中，是华北地区的一种特色植物。

　　冀北翠雀花的拉丁学名中的"siwanense"意为"西湾子"，该学名的命名与它的模式标本采集地有关。冀北翠雀花的模式标本由法国天主教遣使会会士、著名动植物学家谭卫道采集于西湾子，即如今的河北省张家口市崇礼区。谭卫道把这份标本寄给了法国国家自然博物馆的植物学家阿德里安·勒内·弗朗谢，弗朗谢于 1893 年发表了这个新种。

　　冀北翠雀花的花色艳丽，形似一只飞舞的翠鸟，5 个类似于花瓣的蓝紫色结构其实是它的萼片，萼片外被短柔毛，上方的一枚萼片向后伸长形成距。冀北翠雀花中部有 4 个黑褐色结构，下方宽大、布满长毛的两个为退化的雄蕊，先端二浅裂，上方的两个光滑的结构是它的花瓣。花瓣可以看作两部分，一部分暴露在外面吸引昆虫，另一部分藏在距内分泌花蜜。昆虫被花蜜吸引钻进距内时，其身体可以接触下部的雄蕊群或雌蕊群，从而帮助冀北翠雀花传粉。

图注：A. 叶；B. 种子；C. 退化的雄蕊；D. 花瓣；E. 蓇葖。

拉丁学名：*Duabanga grandiflora* (Roxb. ex DC.) Walp.

绘画类型：工笔绢本

作　者：陈桂荣

八宝树

　　八宝树原属海桑科八宝树属，现被并入千屈菜科。八宝树原产于中国，分布于云南南部的西双版纳，是中国本土植物，目前在印度、缅甸、泰国、老挝等国家也有分布。它生长在海拔 900~1500 米的山谷或空旷地带。

　　八宝树是大乔木，高大挺拔，枝条平展下垂，形如伞盖，蔚为壮观。八宝树在春季开花，花枝大，为顶生的伞房花序。萼管开阔，与子房的基部合生。花瓣玉白，雄蕊丝丝缕缕地围绕着雌蕊，非常优美，有音乐的韵律之感。花谢后结出的果实形似六角星，非常精致可爱。

　　2022 年春节期间，我在西双版纳勐仑镇写生，正好遇到曾孝濂老师来此地采风。曾老师住在何瑞华老师的家中。在离何老师家不远的一个巷子内，有一棵正在盛开的高大的八宝树，树姿优美，清香阵阵。树上有花，有花苞，还有刚结的绿色果实，别有韵味，令人流连忘返。非常幸运与曾老师、何老师一起观赏、写生，我后来创作了这幅作品。这幅作品是工笔绢本，采用中国传统工笔画法，用墨勾线，吉祥颜料渲染，在绢上绘制完成。

拉丁学名：*Zanthoxylum bungeanum* Maxim.

作品类型：工笔绢本

作　　者：陈桂荣

花椒

　　花椒是芸香科花椒属植物，又称秦椒、蜀椒（《神农本草经》）、大椒（《尔雅》）、椒（《诗经》）等。

　　花椒是原产于中国的本土植物，分布非常广泛，北起东北地区南部，南至五岭北坡，东南至江浙沿海地带，西南至西藏东南部。

　　花椒是落叶小乔木或呈灌木状，自古以来果实就可以作为香料，能调百味，还可以提取精油，可入药。此外，花椒的嫩叶也可以食用。花椒的木质结构密致均匀，纵切面有绢质光泽，具有工艺美术价值。花椒果实累累，是多子多福的象征。先秦时期就有关于花椒的记载，《诗经·唐风·椒聊》曰："椒聊之实，藩衍盈升。"

　　偶然的一个机会，我在小区里发现了多棵花椒树，此后就常去观察。花椒一般是小乔木，茎干上有皮刺，小枝上的刺基部宽而扁，呈长三角形；叶子为奇数羽状复叶。它的花较小，顶生聚伞状圆锥花序，果实成熟时为红色或紫红色。深秋时节，一簇簇果实挂满枝头，非常喜庆。

　　这幅作品是工笔绢本，采用中国传统工笔画法，用墨勾线，吉祥颜料渲染，在绢上绘制完成。

拉丁学名：*Paeonia suffruticosa* Andr.

作品类型：工笔绢画

作　者：陈桂荣

牡　丹

　　牡丹原产于中国，是芍药科芍药属植物。它的名字出自《神农本草经》，至今没有其他别称。

　　牡丹具有悠久的历史，在我国栽培甚广，并早已被引种至国外。在栽培类型中，牡丹有上百个品种。牡丹鲜艳多姿、雍容华贵、优雅高洁，素有"花中之王"的美誉。牡丹的枝叶遒劲，老枝沧桑，有种"劲骨刚心"的风骨。牡丹还具有极高的药用价值，秦汉时被记入《神农本草经》。

　　牡丹的花品美而不媚、艳而不妖，花大且香气宜人，又有"国色天香"之誉，充满了朝气蓬勃和乐观的精神，在某种意义上彰显了中国人的精神面貌。

　　这幅作品描绘的是我所住小区内的一棵多年栽种的牡丹，其品种为"粉羽球"，每年4月中旬盛放，花开时绚烂夺目，引来众人驻足观赏。

拉丁学名：*Rosa chinensis f.viridiflora C.K.Schneid.*

作品类型：工笔绢画

作　　者：陈桂荣

绿萼月季

　　月季是蔷薇科蔷薇属植物。中国是月季的原产地，早在公元前就有记载。我国的月季品种很多，花色丰富，但纯绿色的月季很稀有。绿萼月季又叫绿月季、青花、帝君袍，是中国特有的古老月季品种。

　　绿萼月季非常奇特，我们在月季园中很难发现它的存在。它的雌、雄蕊退化，花瓣萼片化，花朵不大，呈绿叶状丛生，没有香味。纯绿的颜色像三国英雄关羽的绿色袍服，难怪绿萼月季又叫帝君袍！此外，它还让人联想到了《神雕侠侣》中名叫公孙绿萼的女子。

　　我第一次看到绿萼月季是在国家植物园，当时慕名来到月季园，走了两圈也没有找到它。经一棵一棵仔细观察后，才发现它隐藏在一片鲜艳的月季花丛中！真让人感叹大自然的神奇！我在这株绿萼月季旁驻足很久。当夕阳将一束光芒洒向它时，我惊奇地发现绿色花朵的周围泛起了金黄色的光晕，纯绿色的花朵渐变为黄绿色，极其美妙。

拉丁学名：*Metaplexis japonica* (Thunb.) Makino

作品类型：工笔绢画

作　　者：陈桂荣

萝藦

　　萝藦是萝藦科萝藦属植物，现并被入夹竹桃科。萝藦有很多俗名，如芄兰（《诗经》）、婆婆针落线包（河北）、羊角（华北）、老人瓢（华东）等。可见它的历史悠久和分布广泛。

　　萝藦分布于东北、华北、华东以及甘肃、陕西、贵州、河南、湖北等地区。它生长于林边荒地、山脚、河边、路旁的灌木丛中。夏天，我们在北京会经常见到它攀爬的身影。萝藦的生命力非常顽强。

　　萝藦是多年生草质藤本植物，长达 8 米，含白色汁液；茎呈圆柱状，下部木质化，上部柔韧，表面为淡绿色；总状式聚伞花序为腋生或腋外生，具长总花梗。春天开花，花冠上有淡紫色斑纹，果实如羊角，种子顶端具有白色绢质毛。

　　萝藦全株可入药，可谓全身是宝、用途多多。另外，嫩叶可食用，熏烧干燥的叶子还能去除臭气。

拉丁学名：*Primula maximowiczii* Regel.

作品类型：素描

作　　者：褚莹

胭脂花

　　胭脂花又称假报春，属于报春花科报春花属，是我国北方的一种特有的多年生草本植物。全株光滑无毛，叶基部丛生，叶片呈倒卵形、椭圆形、狭椭圆形或倒披针形，叶基部下延成柄。伞状花序有 1~3 轮，每轮有花数朵；花萼为狭钟形，裂片呈三角形。花冠为暗红色，5 裂，下部合生成筒状，裂片常反卷。花期为 5~6 月。圆柱形蒴果稍长于花萼，果期为 6~7 月。

　　胭脂花分布于我国东北、华北和西北的部分地区，生长在亚高山草甸上或山地林缘。胭脂花的花色艳丽，花期长，观赏价值高，常被引种栽培以美化环境。

拉丁学名：*Caulophyllum robustum* Maxim.

作品类型：黑白线描

作　　者：褚莹

类叶牡丹

　　类叶牡丹又叫红毛七、葳严仙，属于小檗科类叶牡丹属，是一种多年生草本植物。株高 30~80 厘米，根状茎粗短，叶互生，圆锥状花序顶生，花呈黄绿色，种子有肉质种皮。花期为 5~6 月，果期为 7~9 月。

　　类叶牡丹分布于我国西南、华中、华北、东北等地，在朝鲜、日本和俄罗斯也有分布，生长在海拔 300~3500 米的林下、沟谷、林缘、河岸灌丛、溪边草甸等地带。类叶牡丹的根、根茎和叶可入药，有活血散瘀、祛风止痛、清热解毒、降压止血等功效。

　　类叶牡丹的名字反映了它和牡丹在叶片上有相似之处，但是类叶牡丹和牡丹的花没有一点相像之处。细细的长柄，大大的叶子，不对称生长的球状种子，看起来很有节奏感。它给人的感觉是不似牡丹富贵，却有着自己独特的美。

图注：A. 根状茎和根；B. 花果枝；C. 花瓣；D. 幼果；E. 雄蕊；F. 花；G. 果实。

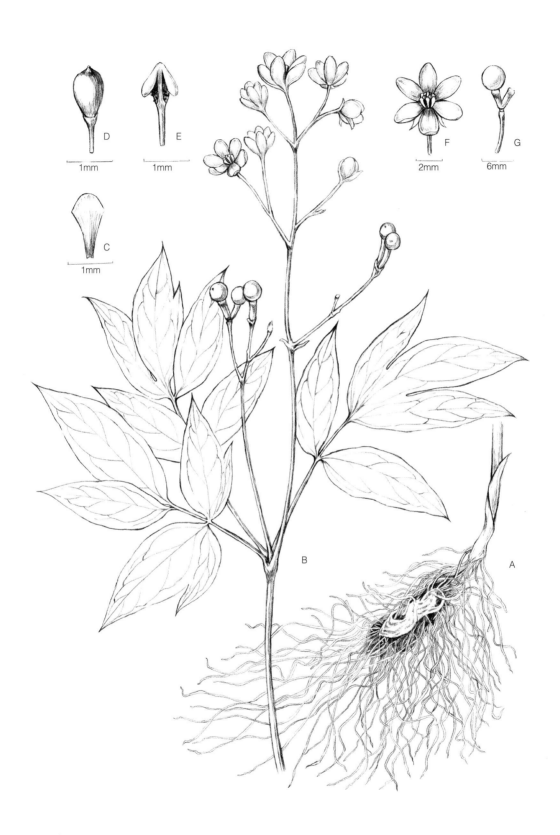

D

1mm

E

1mm

C

1mm

F

2mm

G

6mm

B

A

拉丁学名：*Xanthoceras sorbifolium* Bunge

作品类型：丙烯

作　者：贺亦军

文冠果

　　文冠果，俗称文官果、崖木瓜等，属于无患子科文冠果属。

　　我的家里有一株文冠果，它在每年谷雨后开花，7月挂果。初见它时，我就被它那繁茂美丽的花朵和饱满油亮的果实所吸引，其实文冠果的魅力绝不仅限于此。它起源于侏罗纪至白垩纪，迄今至少已有6500万年的历史了，生长在黄土高原、戈壁滩以及沙化地带。它扎根在贫瘠的土壤中，傲视苍穹，以特殊的功效滋养着华夏儿女。我观察了好几个春秋之后，终于把这种"东方树神"描绘下来。

图注：A. 花枝；B. 叶；C. 雄花纵切面；D. 两性花；E. 两性花纵切面（去花瓣）；F. 蒴果；G. 种子。

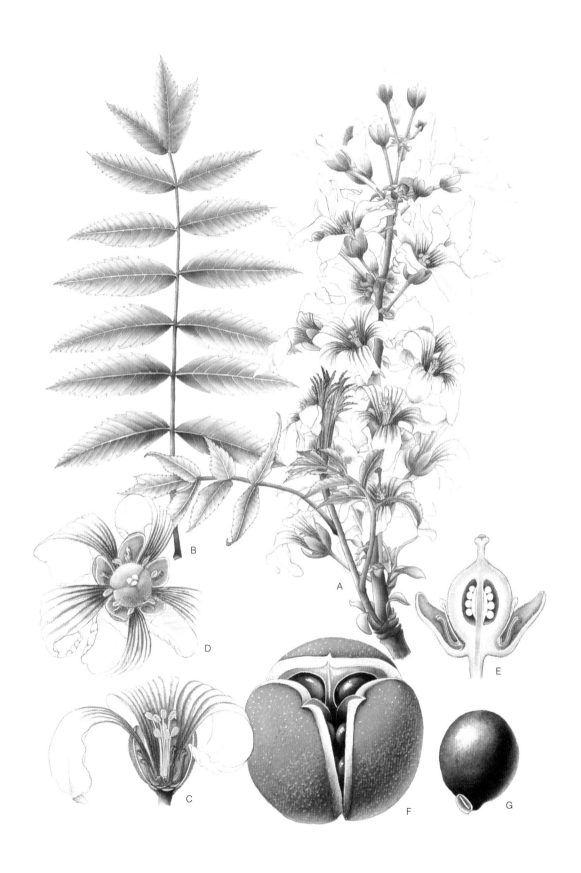

拉丁学名：*Pinus tabuliformis* Carr.

作品类型：墨线

作   者：胡冬梅

油 松

  油松是我国特有的乡土针叶树种，也是我国重要的生态与用材树种，属于松科松属，因树脂特别多而得此名。油松是一种常绿乔木，树皮为灰褐色，呈不规则的鳞块状，大枝平展或斜向上生长，老树多为平顶（其种加词"tabuliformis"的含义便是"像桌子形状的"）。油松为雌雄同株，花期为 5 月，球果在次年 10 月成熟。油松生长缓慢，木质硬且具有香味。

  油松广泛分布于我国华北、西北及东北地区，生态适生区达 300 万平方千米，是我国的特有树种，因此在英文文献中被称为"Chinese pine"（中国松）。

  油松的主要分布区域横跨黄河流域，为中华文明的发展做出了重要贡献。油松是北方生态、用材、绿化造林的"基调"树种，已经成为首都城市文化的一部分。北京至今保存有上千株名贵的油松，其代表的不畏逆境、顽强不屈、坚贞正直、自强不息的品格已经成为中国人精神的象征。

  这幅作品取材于北京林业大学校园。

图注：A. 萌动的叶芽；B. 雌球花（5 月）；C. 雄球花与营养芽（9 月）；D. 雌球花（4 月）；E. 雌球花与营养芽（9 月）；F. 油松小苗；G. 着生两性变异球花的新梢；H. 针叶；I. 针叶横截面；J. 成年油松；K. 着生雄球花的新梢；L. 着生雌球花的新梢；M. 花粉；N. 茎干解剖结构。

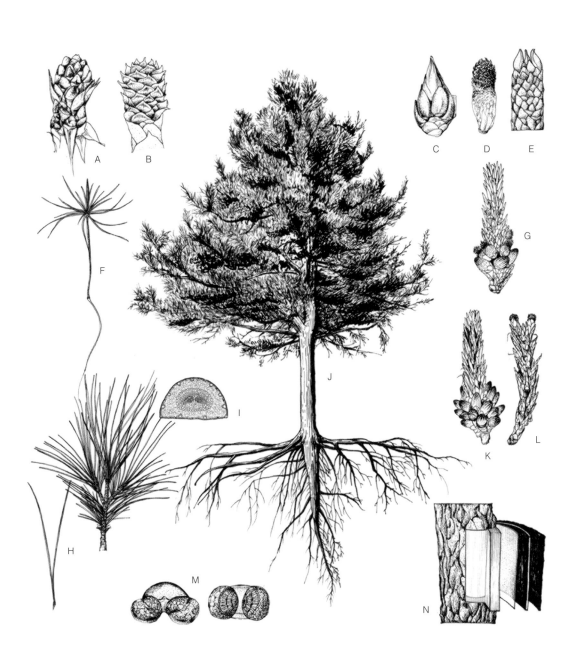

拉丁学名：*Salix ernesti* C.K.Schneid.

作品类型：墨线

作　　者：胡冬梅

银背柳

柳树是春的信使。"碧玉妆成一树高，万条垂下绿丝绦。不知细叶谁裁出，二月春风似剪刀。"贺知章著名的《咏柳》为我们开启了观察柳树的窗口。柳树带来的清新和希望使它成为早春公园、河畔的娇宠，良好的环境适应性也使它成为了防风治沙、修复生态的主力军。

柳树为乔木或灌木，世界上有 520 多种，主要分布于北半球温带地区，寒带次之。柳树的寿命一般为 20 ~ 30 年，少数种类可达百年以上。银背柳是柳属的一种灌木，是我国特有的植物，主要分布在西藏、四川、云南等地。花与叶同时出现，苞片外面被长柔毛。

这幅作品取材于北京西山林场。

图注：A. 雌花枝；B. 叶片；C. 雌花；D. 雄花；E. 苞片。

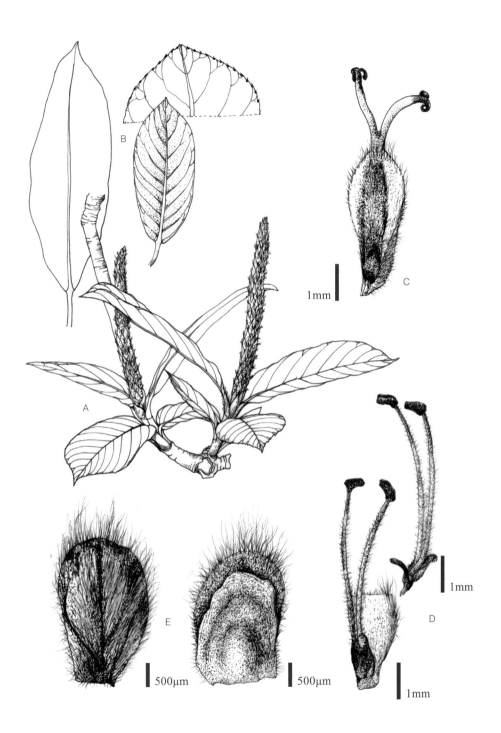

A

B

C

1mm

D

1mm

1mm

E

500μm

500μm

拉丁学名：*Salix magnifica* Hemsl.

作品类型：墨线

作　者：胡冬梅

滇大叶柳

　　滇大叶柳为柳属大叶柳组植物，又称云南柳、滇柳、鬼柳等。它的叶子较为特殊，长达 20 厘米，宽 11 厘米。滇大叶柳主要分布于我国四川西部，树型美观，可作为行道树和观赏树。

　　大叶柳最特殊之处在于叶片与一般柳树的不同，其叶片大且近革质，与常见的细叶依依的柳树的叶片特征完全不同。大叶柳叶目前少有人工栽培。

　　本幅作品取材于北京西山林场。

图注：A. 枝条；B. 雄花序；C. 叶片正面；D. 雄花；E. 苞片；F. 雌花。

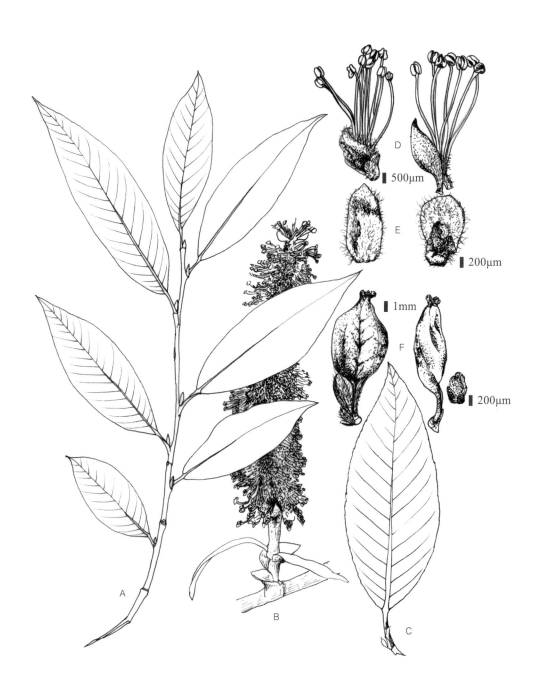

拉丁学名: *Cymbidium hybridum*

作品类型: 墨线

作 者: 胡冬梅

大花蕙兰

大花蕙兰，俗称喜姆比兰、洋蕙兰，它是一类用原产于中国的碧玉兰（*C. lowianum*）和象牙白兰（*C. eburneum*）作为亲本于 1889 年杂交成功的兰花园艺品种。此后，原产于中国的虎头兰（*C. hookerianum*）、黄蝉兰（*C. iridioides*）、西藏虎头兰（*C. tracyanum*）和美花兰（*C. insigne*）等大花型兰属原生种也参与了大花蕙兰的育种。大花蕙兰的育种历时 100 余年，是欧亚不同产地的兰花不断杂交、逐渐形成的品种群。大花蕙兰的育种凝聚了育种人的智慧和努力。最早大花蕙兰很难养，因此它也是财富的代名词。

大花蕙兰为多年生常绿草本植物，根系发达，株高可达 150 厘米，假鳞茎粗壮。叶丛生，革质叶片呈带状。总状花序的颜色艳丽，有红、黄、翠绿、白、复色等。种子细小，种胚通常发育不完全，在自然条件下很难萌发。大花蕙兰适于冬季温暖、夏季凉爽的环境。

大花蕙兰的品种数以千计，多作盆花和切花栽培，观赏价值高。大花蕙兰被视为"兰花新星"，它既具有中国兰花的典雅幽芬，又有西洋兰花的丰富多彩，在国内外的花卉市场上很受欢迎。日本的花卉爱好者称其为"东亚兰"，欧美的花卉爱好者称其为"新美娘兰"。

本幅作品取材于国家植物园。

拉丁学名：*Oreocharis amabilis* Dunn

作品类型：墨线

作　者：胡冬梅

马铃苣苔

　　马铃苣苔为苦苣苔科马铃苣苔属的一种多年生植物。叶全部基生，具柄，呈长圆形，长 3~12 厘米，宽 1~3.5 厘米，顶端钝，基部为圆形，边缘具有不规则的圆齿。叶片两面均贴伏短柔毛，每边有侧脉 6~7 条。叶柄长 3~7 厘米，花序梗、花梗、苞片、小苞片均被锈色绢状绵毛。花冠呈细筒状，长 2~2.2 厘米；裂片直立，呈披针状长圆形，长 6~7 毫米。

　　马铃苣苔尚未被栽培应用，但同科植物中有很多著名的观赏花卉，如紫罗兰、大岩桐、口红花等。苦苣苔科植物多耐弱光，适合室内盆栽观赏，广受世界各地的人们的喜爱。苦苣苔科植物的花色缺少黄色，马铃苣苔的黄色花可为今后丰富苦苣苔科植物的花色提供育种资源。

　　这幅作品取材于北京林业大学温室。

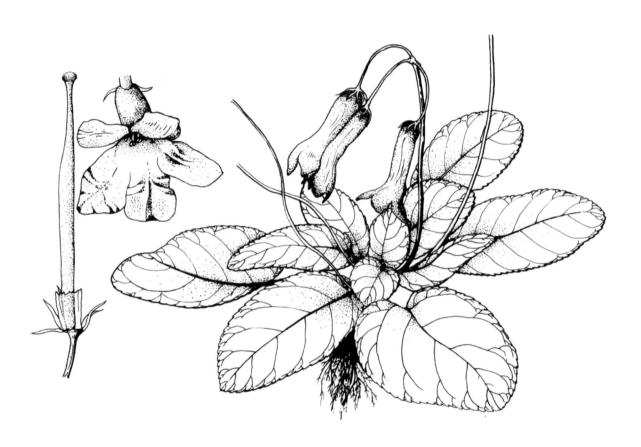

拉丁学名：*Hippeastrum rutilum*（Lam.）H. E. Moore

作品类型：彩铅

作　　者：胡冬梅

朱顶红

　　朱顶红又名红花莲（《海南植物志》）、华胄兰（《华北经济植物志要》）等，为石蒜科朱顶红属的一种球根花卉，原产于巴西。朱顶红的鳞茎近乎球形，有红褐色或淡绿色的外皮膜；花葶粗壮中空，稍扁，具有白粉，高20~30厘米；伞形花序，着花3~6朵；花大，呈漏斗状，红色；叶基生，6~8枚两列对生，略呈肉质，扁平带生，花后抽出。

　　朱顶红喜温暖湿润的环境，忌强烈光照，忌水涝，在我国华东及其以南地区可露地栽培。朱顶红的花色鲜艳，美丽壮观，可盆栽，也可作为切花材料。为了方便家庭栽培，园艺学家在朱顶红种球的外面包裹了一层薄膜，将其置于阳台上，无需浇水，可直接观赏它开花。

　　这幅作品取材于国家植物园。

拉丁学名：*Phalaenobsis aphrodite* Rchib. f.

作品类型：彩铅

作　　者：胡冬梅

台湾蝴蝶兰

　　台湾蝴蝶兰为兰科蝴蝶兰属植物。蝴蝶兰属的拉丁学名源于拉丁文"phalaina"（蛾蝶）和"opsis"（模样），意指其花形似蛾蝶。台湾蝴蝶兰的叶呈椭圆形或长卵圆形，长10~20厘米，宽3~6厘米；总状花序侧生于茎的基部，花葶长达50厘米，着花5~10朵或更多。台湾蝴蝶兰仅分布于我国台湾和菲律宾，附生于热带和亚热带低海拔地区的丛林树干上。一般蝴蝶兰属植物的花艳丽娇俏，花期长，花朵数量多。它既能净化空气，又可作盆栽观赏，还可用作切花材料。蝴蝶兰属植物已列入《中国生物多样性红色名录：高等植物卷》。

　　这幅作品取材于国家植物园。

拉丁学名：*Elaeagnus umbellata* Thunb.

作品类型：墨线

作　者：胡冬梅

伞花胡颓子

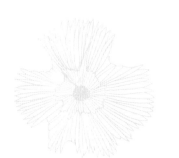

　　伞花胡颓子的名字直接译自"umbellata"，在植物志中的中文名一般为"牛奶子"，为胡颓子科胡颓子属落叶灌木，具枝刺，叶呈椭圆状披针形，长 3~8 厘米。叶端钝或尖，基部呈广楔形，叶缘稍呈波状，叶背为灰绿色，被白色鳞片。花为淡黄色，有香气。果实呈长椭圆形，成熟时呈红色，长约 1 厘米。

　　伞花胡颓子分布于我国山东、辽南、华北、西北地区东南部及长江流域，朝鲜、日本及东南亚也有分布。

　　这幅作品取材于北京西山林场。

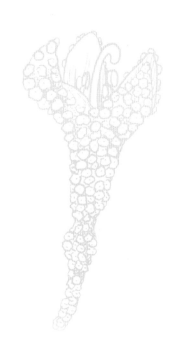

图注：A. 果枝；B. 叶背面；C. 鳞片放大；D. 花；E. 花纵切面，示子房；F. 果实；G. 果实横切面；H. 果核；I. 种子；J. 种子横切面。

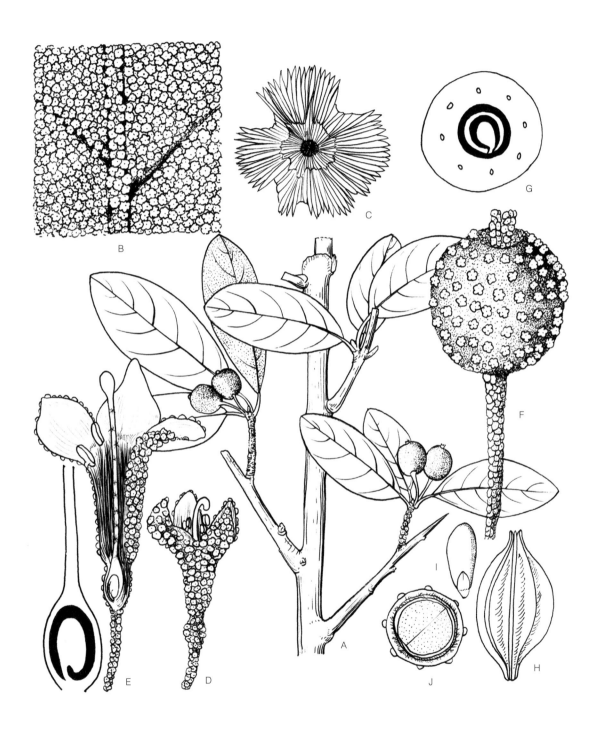

拉丁学名：*Mertensia davurica* (Sims) G. Don

作品类型：水彩

作　　者：黄智雯

长筒滨紫草

　　长筒滨紫草是紫草科滨紫草属的一种多年生草本植物，主要分布于我国河北北部，北京、内蒙古的高海拔地区也有分布。这是一种非常漂亮的小野草，相信你见到它时一定会被其优雅的蓝紫色花筒吸引。

　　长筒滨紫草的花梗长2~5毫米，伴有密集的短伏毛；花萼裂至近基部，长约4.5毫米；花冠为蓝色，长1.2~2.2厘米，无毛；雄蕊生于喉部附属物之间，花丝长约2毫米，花药呈线状长圆形，长约2.5毫米；花柱与花冠近乎等长，稍伸出，柱头呈盘状。茎高达30厘米，上部花序分枝，具棱槽，稍被毛；叶呈披针形或线状披针形，长1.5~2厘米。基生叶片呈莲座状、卵状长圆形或线状长圆形，基部为楔形或圆形，具长柄。茎生叶近直立，呈披针形或线状披针形，长1.5~2厘米，先端钝或渐尖，上表面被短伏毛及小疣点，下表面平滑，侧脉不明显。

　　在这幅作品中，一只赤蛱蝶钻进了长筒滨紫草的花筒内，但并未发生授粉。

拉丁学名：*Paeonia ostii* T. Hong et J. X. Zhang

作品类型：水彩

作　　者：黄智雯

凤　丹

　　凤丹是芍药科芍药属的一种落叶灌木，茎高 2 米，分枝短，较为粗犷，耐干旱、瘠薄、高寒环境。在生长过程中，叶片上表面为绿色，下表面为淡绿色。花单生于枝顶，苞片数量为 5 片，呈长椭圆形，大小不等。花瓣的数量也是 5 片，呈白色或者粉红色。

　　凤丹分布于我国山东、河南、陕西、安徽等地，属于典型的温带植物。这是一种很好的生态树种。籽油的不饱和脂肪酸含量高达 90％ 以上，亚油酸（多不饱和脂肪酸）含量超过 40％。

　　凤丹的干燥根皮具有清热凉血、活血散瘀的功效，其主要成分牡丹酚有抗炎、镇静、降温、解热、镇痛、解痉等作用。

拉丁学名：*Magnolia grandiflora* L.

作品类型：水彩

作　者：黄智雯

荷花木兰

荷花木兰，俗称广玉兰、洋玉兰等，原产于北美洲东南部地区，是我国长江以南地区的一种常见的常绿乔木，在公园中、道路旁均有栽培。

荷花木兰的革质叶片呈椭圆形、长圆状椭圆形或倒卵状椭圆形，长 10~20 厘米，宽 4~7 厘米。叶面为深绿色，有光泽，背面有锈色短绒毛；叶柄长 1.5~4 厘米，无托叶痕，具深沟。花呈白色，直径为 15~20 厘米。聚合果呈圆柱状，长 7~10 厘米，直径为 4~5 厘米，密被褐色或淡灰黄色绒毛；蓇葖背裂，背面圆，顶端外侧具长喙。种子近乎卵圆形或卵形，长约 14 毫米，直径约为 6 毫米。外种皮呈红色，除去外种皮的种子顶端延长成短颈。

这幅作品展示的是荷花木兰的蓇葖果及种子。

拉丁学名：*Chrysanthemum morifolium* Ramat.

作品类型：水彩

作　　者：黄智雯

菊　花

　　菊花是自古以来深受我国人民喜爱的一种花卉植物。它的头状花序姿态奇异，花色丰富，或白而素洁，或黄而雅淡，或红而浑厚，或紫而沉稳。历代诗人爱菊、咏菊，可能也会偶然成为菊花的栽培者。清代《广群芳谱》记载的菊花就有三四百种。今天，菊花有 2000 多个品种。

　　我国对菊花的分类大概始于宋代，那时的人们对赏菊表现出浓厚的兴趣，民间花市上有扎菊出现，宫廷中每年有菊花赛会。那个时代的菊谱就有五六种之多，以后各代相继有菊谱出现。

　　菊花一般以纯色为主，渐变色为辅，有一朵菊花呈现两三种不同颜色的情况。这幅作品中的七彩菊花经过了人工染色。以白菊或黄菊为基底，再涂抹"特殊"染料，菊花便会自动吸收染料而变色。就算下雨，它的颜色也不会消褪，异常美丽。

拉丁学名：*Rosa chinensis* Jacq.

作品类型：水彩

作　者：黄智雯

月　季

　　月季花型秀美，四时常开，深受人们的喜爱。中国有 52 个城市将它选为市花。现代月季花型多样，有单瓣和重瓣，还有高心卷边等优美花型。月季的花色艳丽丰富，不仅有红、粉、黄、白等单色，还有混色、银边等品种。多数品种有芳香气味。月季的品种繁多，世界上已有近万种，我国也有千种以上。

　　这幅作品描绘的是近年来颇受人们青睐的条纹旋涡月季，其特点是高温炎热时条纹较淡甚至会消失，但是气温稍一下降，它就会恢复原状，花朵饱满，条纹突出。除了花朵漂亮，它的观赏期也很长。

拉丁学名：*Paeonia veitchii* Lynch

作品类型：水彩

作　　者：蒋正强

川赤芍

川赤芍是芍药科芍药属的一种多年生草本植物，为中国所特有，分布于西藏东部、四川西部、青海东部、甘肃及陕西南部。川赤芍在四川生长于海拔2550~3700 米的山坡林下草丛中及路旁，在其他地区生长于海拔 1800~2800 米的山坡疏林中。

川赤芍的叶片长 7.5~20 厘米；小叶呈羽状分裂，裂片为窄披针形或披针形，上表面为深绿色，下表面为淡绿色，无毛。花着生在茎的顶端及叶腋处，有时仅在顶端开放一朵。花瓣呈倒卵形，长 3~4 厘米，宽 1.5~3 厘米，呈紫红色或粉红色。花期为 5~6 月，果期为 7 月。

川赤芍色彩鲜艳，美丽动人。唐代诗人元稹有诗赞云："芍药绽红绡，巴篱织青琐。繁丝蹙金蕊，高焰当炉火。翦刻彤云片，开张赤霞裹。烟轻琉璃叶，风亚珊瑚朵……"

中药赤芍是川赤芍的根茎。川赤芍在野外采集困难，现在的赤芍基本上都是由人工种植的川赤芍加工而成的。

拉丁学名：*Ginkgo biloba* L.

作品类型：丙烯

作　　者：蒋正强

银　杏

银杏是银杏科银杏属植物，俗称白果、公孙树、鸭掌树等。银杏原产于我国，分布广泛，南北各地多有栽培，为庭院、公园中习见的观赏树种。

银杏是落叶乔木，高达 40 米。叶片在长枝上呈螺旋状排列，在短枝上簇生。叶有柄，叶片呈扇形，上部边缘宽 5 ~ 8 厘米，中央浅裂或深裂，有许多二叉状并列的细叶脉。花为单性，雌雄异株，球花生于短枝的叶腋或苞腋处。雄球花呈柔荑花序状，雄蕊多数，每个雄蕊有两根花药。雌球花有长柄，柄端二叉，叉端有一珠座，珠座上生一胚珠，通常只有一个胚珠发育成种子。种子呈核果状卵球形，长 2~3.5 厘米，直径约为 2 厘米。外种皮为肉质，成熟时呈黄色或橙色，表面有白粉，有臭味。中种皮为骨质，呈白色，有纵脊。内种皮为膜质，呈红褐色。花期为 4~5 月，种子成熟期为 10 月。

银杏的生命力顽强，是我们熟知的"活化石"，享有"长寿树"的美誉。银杏结果量大。到了秋天，雌株硕果累累，故又寓意人丁兴旺、多子多福。

银杏的种子可以入药，还可做成菜肴，如盐焗银杏、白果猪肚汤、白果腐竹鸡蛋糖水、荷兰豆炒白果等。不过，银杏有一定的毒性，不能大量和长期食用。

拉丁学名：*Koelreuteria bipinnata* Franch.

作品类型：墨线

作　　者：李琪

复羽叶栾

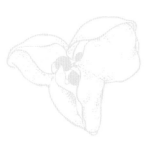

　　复羽叶栾属于无患子科栾树属，是一种高大的落叶乔木，也有低矮的树型。它的树型、叶、花、果都很美，适合四季观赏。

　　每年8~9月，复羽叶栾开花。它的花初开时呈明黄色，花瓣基部的鳞片很快就会变成鲜红色，以吸引喜爱红色的传粉昆虫光顾。在盛花期，花量巨大的栾树下会掉落一地明黄，远远望去如同黄色地毯一般，在夏秋之交的时节给路人带去一阵行程中的心动。如果你愿意弯腰捡起一朵仔细观察，就会看到反折的4片花瓣上红黄相间，并见识到它和其他常见的花的不同形态了。以前我看到复羽叶栾如此大量落花时还担心花全掉了，它还怎么结果，但很快我的担心就被满树的火红色蒴果打消了。

　　花开过后，复羽叶栾的蒴果从树叶间冒了出来，一串串"红灯笼"给初秋增添了欢喜的意味。很多行人看到这些"灯笼"时会欣喜地指给身边的朋友看，一同感叹这"花"真好看。每当这时，我就会"社牛"附体，上前解释这些其实是复羽叶栾的蒴果。待到深秋过后入了冬，这些蒴果会大量掉落，颜色也从红色渐渐变成浅咖啡色，干枯的蒴果会裂成三片。这时你会发现每一片都有两颗种子，但并不是每颗种子都能发育成熟。将一片干枯的蒴果瓣片举起来对着阳光，能清晰地看到细密的纹路。我想，任何艺术品都不会比它更美。

图注：A. 蒴果（侧视）；B. 蒴果（顶视）；C. 着生的种子；D. 花；E. 花底面观，示花萼；F. 雄蕊；G. 蒴果内部（顶视）。

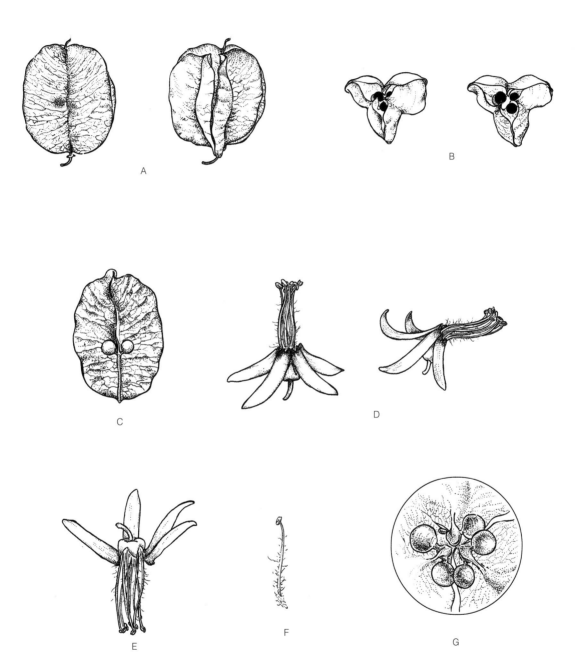

拉丁学名：*Quercus mongolica* Fisch. ex Ledeb.

作品类型：墨线

作　　者：李琪

蒙古栎

蒙古栎是壳斗科栎属的一种落叶乔木。一到秋天，树下掉落一地叶子，如同厚厚的地毯一般。蒙古栎的叶子大，花朵却很小，呈淡黄色。果实稳稳当当地坐在像帽子一样的壳斗里，等到秋天成熟后，胖乎乎的坚果就会和壳斗一起掉落。干燥后，壳斗和坚果分离，所以我们常常在地上只看到单独的空壳斗和一粒粒坚果。

我们在地上捡到壳斗后，可以把它们戴在指尖上，再在指肚上画上简单的表情，看上去就像一个个可爱的森林小精灵。坚果也是天然的玩具，我们把大头针或牙签插入坚果的圆头中，它就成了一个小陀螺。用拇指和食指捏着大头针，用力一捻，这个小陀螺就会在地面上快速地转动起来。要是有其他小伙伴，可以比试一下，看看谁的陀螺转得时间更长，谁的陀螺被撞到了也不倒下。

掉落在地上的蒙古栎坚果并不都能正常发育、生根、发芽，因为一种叫栗实象鼻虫的林业害虫会钻进这些肥嫩的小坚果内，把整个坚果掏空。所以，捡拾蒙古栎的坚果时一定要注意上面是否有虫眼。这些虫眼很小，直径往往只有 1 毫米左右。稍不注意，就会让这些虫子混进你收藏的一大罐坚果里。这些虫子如同孙猴子进了蟠桃园，等你发现时，它们一定已经吃得大腹便便，而那些可怜的坚果也就个个都有虫眼了。

图注：A. 雄花序；B. 果实，外具壳斗；C. 坚果；D. 壳斗；E. 叶；F. 果枝；G. 嫩枝；H. 树皮。

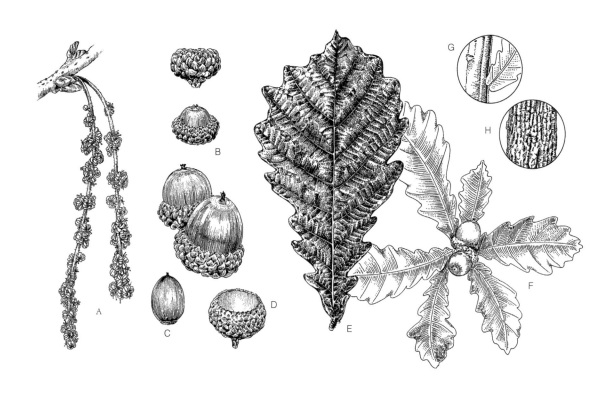

华北落叶松

拉丁学名：*Larix gmelinii var. principis-rupprechtii Mayr*

作品类型：纸本工笔

作　　者：刘瑜

　　华北落叶松是松科落叶松属的一种乔木，高达 30 米，胸径可达 1 米；枝平展，具不规则的细齿；叶片在长枝上呈螺旋状散生，在短枝上呈簇生状；种子呈斜倒卵状椭圆形，为灰白色，种翅上部呈三角状。花期为 4~5 月，球果于 10 月成熟。新鲜的球果为嫩绿色，每一片种鳞里都藏有两粒种子。

　　华北落叶松是我国华北地区高山针叶林带中的主要森林树种，也是华北的松科中唯一具有落叶特点的树种。天然群体主要分布于河北和山西两省，北京和内蒙古南部也有少量分布，北京怀柔、门头沟等地有人工林。华北落叶松一般生长在海拔较高的阴坡上，上接亚高山草甸。华北落叶松的树型高大雄伟，叶簇状如金线。秋霜过后，树叶全部变为金黄色，可与南方金钱松相媲美。它们是北国风光里不可或缺的浓重色彩，是四季缤纷里的一道靓丽的风景。

　　华北落叶松的材质坚韧，结构致密，纹理直，含树脂，耐久用。树干可用于割取树脂，树皮可用于提取栲胶。华北落叶松生长快，材质优良，用途大，对不良气候的抵抗力较强，并有保土、防风的效能。

拉丁学名：*Pinus armandii* Franch.

作品类型：水彩

作　　者：王琴

华山松

　　华山松是松科松属中的著名常绿乔木，原产于中国。华山松喜欢温和、湿润的气候，有一定的耐寒能力，不耐炎热，在高温季节长的地方生长不良。华山松能适应多种土壤，最宜生长在深厚、潮湿、疏松的中性和微酸性土壤中。

　　华山松的针叶边缘有细齿，腹面两侧各有 4~8 条白色气孔线。花期为 4~5 月，球果于第二年 9~10 月成熟。球果呈圆锥状长卵圆形，长 10~20 厘米，直径为 5~8 厘米，下垂，幼时为绿色，成熟时为黄色或黄褐色，种鳞张开，种子脱落。种子为黄褐色、暗褐色或黑色，呈倒卵圆形，长 1~1.5 厘米，直径为 6~10 毫米。华山松的繁殖方式为播种繁殖。

　　据《湖北巴东药用植物志》的记载，华山松具有润肺止咳、燥湿、祛风、杀虫等功效。华山松为材质优良、生长较快的树种，也是优良的绿化风景树种。

图注：A. 球果枝；B. 具叶短枝，5 针束；C. 种鳞，左侧为背面观，右侧为腹面观；D. 种子及其横切面。

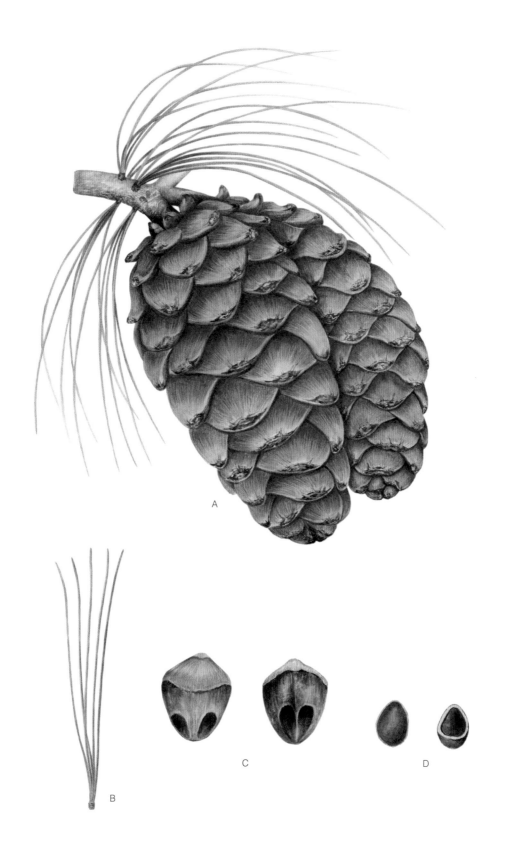

A

B

C

D

拉丁学名：*Torreya grandis* Fort. ex Lindl.

作品类型：水彩

作　　者：王琴

榧 树

　　榧树为我国特有树种，产于江苏南部、浙江、福建北部、江西北部、安徽南部、湖南西南部及贵州松桃等地，生长在海拔 1400 米以下的温暖多雨的黄土、红土、黄褐土地区，在浙江诸暨及东阳等地的栽培历史悠久。

　　榧树是一种乔木，高达 25 米，胸径可达 55 厘米；树皮呈浅黄灰色、深灰色或灰褐色，不规则纵裂。一年生枝呈绿色，无毛；二、三年生枝呈黄绿色、淡黄褐色或暗黄绿色。叶呈条形，排成两列，长 1.1~2.5 厘米，宽 2.5~3.5 毫米，先端凸尖。叶片上表面为光绿色，无隆起的中脉；下表面为淡绿色，有气孔带 2 条且常与中脉带等宽，绿色边带与气孔带等宽或稍宽。花期为 4 月，种子在翌年 10 月成熟。榧树为建造房屋、船只、家具等的优良木材，种子为著名的干果——香榧，亦可用于榨取食用油；其假种皮可用于提炼芳香油（香榧壳油）。

图注：A. 种子枝；B. 叶，示正反面；C. 种子；D. 去掉种皮和假种皮，露出胚乳；E. 种子纵切面。

A

B

C

D

E

拉丁学名：*Carpinus turczaninowii* Hance

作品类型：墨线

作　　者：王奕

鹅耳枥

　　鹅耳枥是桦木科鹅耳枥属的一种落叶乔木，产于辽宁南部、山西、河北、河南、山东、陕西和甘肃，生长于海拔 500~2000 米的山坡和山谷林中，在山顶及贫瘠的山坡上亦能生长。模式标本采自北京金山。

　　鹅耳枥高 5~10 米；树皮呈暗灰褐色，粗糙，浅纵裂；枝细瘦，呈灰棕色，无毛；小枝被短柔毛。叶为卵形、宽卵形、卵状椭圆形或卵菱形，有时呈卵状披针形，顶端锐尖或渐尖，基部近圆形或呈宽楔形，有时为微心形或楔形，边缘具规则或不规则的重锯齿。果序长 3~5 厘米；序梗长 10~15 毫米，序梗、序轴均被短柔毛；果苞变异较大，呈半宽卵形、半卵形、半矩圆形至卵形，疏被短柔毛。小坚果为宽卵形，长约 3 毫米，无毛，有时顶端疏生长柔毛。

　　鹅耳枥木质坚韧，可用于制作农具、家具、日用小器具等。种子含油，可供食用或工业上使用。

图注：A. 果枝；B. 花枝；C. 果苞及果实；D. 果实；E. 叶；F. 腋芽；G. 枝干。

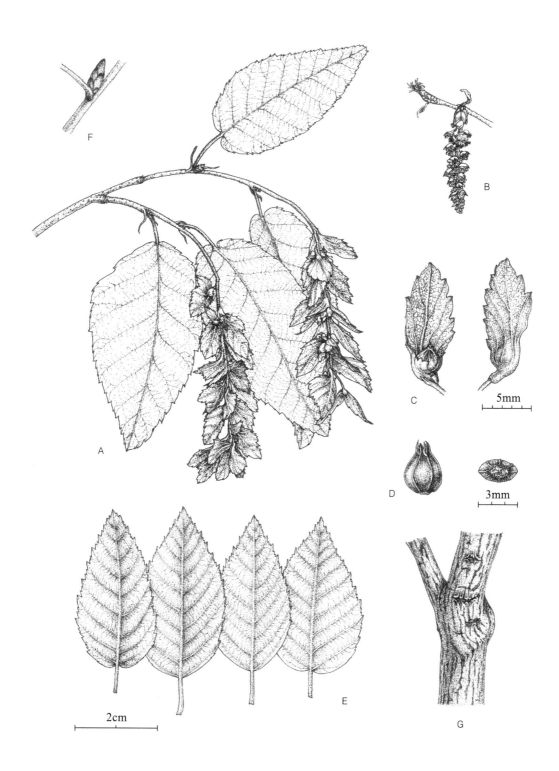

拉丁学名：*Rosa chinensis* Jacq.

作品类型：墨线

作　者：王奕

月 季

　　月季是蔷薇科蔷薇属植物，在我国有两千多年的栽培历史。相传神农时期就有人把野月季挖回家栽植，汉代时宫廷花园中已大量栽培月季，唐代时更为普遍。月季的园艺品种丰富，花色秀美，四时常开，深受人们喜爱。我们平时在花店里买的不少"玫瑰"其实都是月季，真正的玫瑰花不大，色彩也远不及月季丰富，而且刺很密集。月季和玫瑰都具有药用价值。

　　为了更好地观察月季，我从花市上挑选了几盆回来。我更钟情于这个重瓣品种，它有一种华丽大气的气质，也很有层次感。在创作的时候，我需要用放大镜观察细节。

图注：A. 花枝；B. 叶；C. 花蕾；D、E. 萼片外侧；F、G. 萼片内侧及两个小苞片。

A

B

C

D

E

F

G

拉丁学名：*Manglietia patungensis* Hu

作品类型：水彩

作　　者：王浥尘

巴东木莲

　　巴东木莲是中国特有的珍稀濒危植物，产于湖北巴东和利川、四川合江和重庆南川的高海拔密林中。因为它首次被发现是在巴东，因此得名巴东木莲。

　　巴东木莲是木兰科木莲属的一种高大常绿乔木，花朵呈白色，有芳香气味，花被片9枚。白色花瓣宛如大调羹，十分美丽。雌蕊群呈圆锥形，为绿色；雄蕊的花药为紫红色。花期为5~6月，果期为7~10月。树皮可以入药。

　　这幅作品主要用透明水彩绘制而成，着重表现了巴东木莲开花时的姿态。我对杭州植物园分类区内的巴东木莲进行了近两年的观察和记录，对比了乳源木莲、红花木莲、桂南木莲等木莲属植物，发现木莲属植物的雄蕊在花蕾打开前就已完全成熟，花朵开放后短时间内就会掉落。针对木莲属植物的这个特征，我在开花前对巴东木莲的花苞进行解剖，绘制了花苞内部的详细结构，在表现巴东木莲开花时的优雅姿态的同时补充了有趣的细部特征。希望你能与我一样欣赏到这种珍稀濒危植物的美丽，一起参与到珍稀濒危植物的保护中来。

图注：A. 花枝；B. 一段小枝；C、D. 花蕾；E. 子房纵切面；F. 花的内部，示雄蕊；G. 去掉花被和雄蕊的花；H. 聚合蓇葖果（未熟）；I. 幼果纵切面。

拉丁学名：*Aristolochia debilis* Siebold & Zucc.

作品类型：水彩

作　　者：王浥尘

马兜铃

马兜铃是马兜铃科马兜铃属的代表植物，广泛分布于长江流域以南地区以及山东、河南等地海拔 200~1500 米的山谷、沟边、路旁阴湿处和山坡灌丛中。

关于马兜铃名字的由来有很多有趣的故事，有人说马兜铃因为果实长得像挂在马脖子上的銮铃而得名，也有人说马兜铃因为果实像马粪兜而得名。马兜铃是一种草质藤本植物，花朵的形状像喇叭，管口呈漏斗状。黄绿色花朵的口部有紫色斑块，用于吸引传粉的昆虫。漏斗下部管中分布有密密麻麻的腺体状毛，这种结构可以给前来传粉的昆虫制造"困难"，有助于昆虫充分沾染花粉，提高传粉率。马兜铃的花期为 7~8 月，果期为 9~10 月。马兜铃是一种中药，但它含有的马兜铃酸被世界卫生组织列为一类致癌物，因此 2020 年中药马兜铃被从《中国药典》中删除。

这幅作品描绘的马兜铃是在杭州西溪湿地植物调研过程中发现的。它缠绕在水边的树上，纤弱的茎编织成了一挂绿色的帘子，隐约间透露出形态特殊的花朵。随着西溪湿地生态保护的推进，越来越多的野生植物在这里安家。希望不久的将来，我们能看到越来越多的本土植物在这里茁壮生长。

图注：A. 花枝；B. 果枝；C. 开裂的蒴果；D. 种子。

A

B

C

1.5×

1.5×

D

拉丁学名：*Rhododendron delavayi* Franch.

作品类型：水彩

作　　者：王浥尘

马缨杜鹃

　　马缨杜鹃是杜鹃花科杜鹃花属的一种开花小乔木，主要产于广西西北部、四川西南部、贵州西部、云南、西藏南部的海拔 1200~3200 米的常绿阔叶林和灌木丛中。马缨杜鹃是一种非常美丽的高山杜鹃，花冠呈钟形，花朵为深红色，内面基部有 5 个黑红色的蜜腺囊。伞形顶生花序像绣球一样，热烈喜庆。雄蕊 10 枚，不等长；雌蕊 1 枚，柱头呈头状。花期为 5 月，果期为 12 月。马缨杜鹃目前在园艺花卉市场上具有较高的观赏价值，现在有很多人工培育的园艺品种。马缨杜鹃还是一种具有清热解毒、止血、调经等功效的药用植物。

　　这幅作品描绘的是马缨杜鹃未绽放的花蕾，其植株来自杭州植物园，是少数引种成功的高山杜鹃之一。我们可以从图中看到马缨杜鹃花蕾的秩序感、苞片上的绒毛以及叶片背后的锈色绒毛。含苞待放的花蕾展现了高山杜鹃蓬勃的生命力。目前，马缨杜鹃的生境因人类活动开始缩小。希望我们能更好地保护这类高山杜鹃，还野生植物一片生存的净土。

拉丁学名：*Bulbophyllum emarginatum*
(Finet) J. J. Sm.

作品类型：水彩

作　　者：王浥尘

匐茎卷瓣兰

匐茎卷瓣兰是兰科石豆兰属植物，主要生长在云南东南部至西北部、西藏东南部的海拔 800~2180 米的山地林中的树干上。匐茎卷瓣兰的花为紫红色，花朵形态与传统的兰花有些不同，侧面的萼片边缘黏合在一起，看起来像长长的胡子。它的根状茎匐匐生长，因此其学名中带有"匐茎"二字。

匐茎卷瓣兰产于我国云南东南部至西北部，以及西藏墨脱、察隅一带。2020 年，杭州植物园引种的匐茎卷瓣兰开花了。这幅作品描绘的就是杭州植物园中的匐茎卷瓣兰。其实，这批匐茎卷瓣兰来到杭州植物园有一段奇特的经历。它们原本是一位植物爱好者在墨脱旅游的路上发现的，当时它们的原生地在修路，而这些匐茎卷瓣兰被挖出后丢在了路边。这位植物爱好者不忍它们就此枯死，于是将它们收集了起来，赠送给了杭州植物园。如今它们在 3000 多千米外的杭州植物园安了家，经过园艺师的精细养护开出了美丽的花朵。

拉丁学名：*Amorphophallus konjac* K.Koch

作品类型：素描

作　　者：吴秦昌

花魔芋（花）

花魔芋是天南星科魔芋属植物。2021 年春夏，我完成了一项持续 5 个月的自然观察。

友人赠送给我一块花魔芋的大块茎，其直径达 23 厘米。4 月 2 日，我把它种在了阳台上的一个大花盆里。真没想到，13 天后它就开花了，一个硕大的佛焰苞骄傲地挺立着。开花过程持续了 3 天，我仔细地观察花朵的结构，测量它的尺寸，记录花朵从绽放到凋谢的每个细节特征，包括它那极其特殊的气味。

花魔芋开花时，整个植株高达 116 厘米。花梗高 59 厘米，呈圆柱状，外表为灰绿色，有浅色的不规则斑纹。佛焰苞为漏斗形，长 40 厘米，宽 22 厘米，基部呈席卷状，外缘为折波状，外表面由深绿色向深紫红色过渡，布满不规则的斑纹，内表面由深紫红色向黑褐色过渡，有密集的脉纹。佛焰苞内的肉穗花序由下向上依次是雌花、雄花和附属器。雌花序为紫色，雄花序为黄白色。附属器为中空的扁圆锥体，呈紫红色，长 47 厘米。花开的第 2~3 天，位于附属器下部的雄花序散发出一股腐尸般的特殊气味，似乎在发出信号吸引昆虫前来传粉。佛焰苞内附属器附近的温度升高，我用脸贴近那里时能明显感到热乎乎的。这加快了肉穗花序附近的空气对流，有利于花粉的传播。后来，我发现花粉粒飘到 60 厘米开外的器具上！

这幅钢笔素描作品《花魔芋之花》创作于 2021 年 4 月 17~18 日，画幅高 54 厘米，宽 39 厘米。

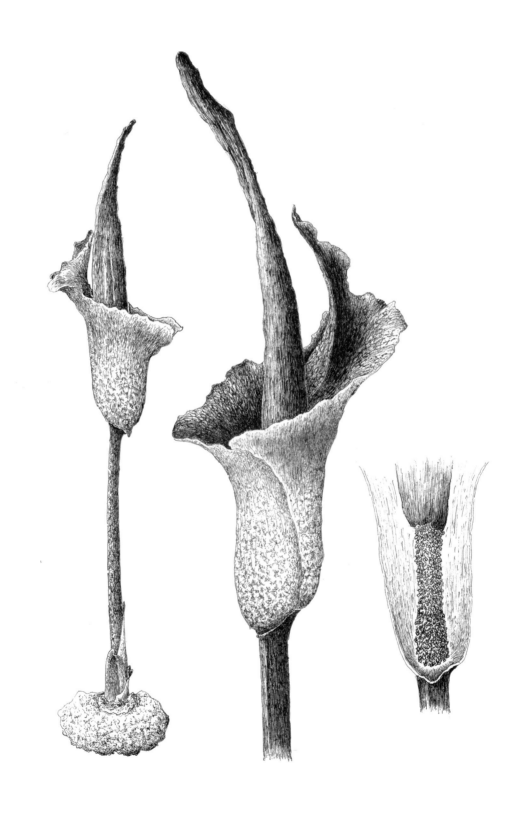

拉丁学名：*Amorphophallus konjac* K.Koch

作品类型：素描

作　　者：吴秦昌

花魔芋（叶）

　　我的花魔芋在 4 月中旬开花之后休眠了 3 个月，我以为它死了。直到 8 月初，它又长出了一个叶芽，给了我更大的惊喜！在此后的 20 多天里，我看到了一片硕大的叶子的生长过程。

　　叶片着生在高大粗壮的叶柄顶端，开始时为 3 裂，Ⅰ次裂片为二歧分裂，Ⅱ次裂片为二回羽状分裂或二回二歧分裂。小裂片互生，大小不等，下小上大。小裂片呈长椭圆形，基部为宽楔形，沿轴有翅下延，顶端骤狭渐尖。小裂片上，侧脉多数，平行排列。最大的小裂片长 10 厘米，宽 4 厘米。和一般植物的羽状复叶相比，花魔芋的叶子有两个特色：一是末端的小裂片互生，大小差异很大；二是各级分裂的叶轴上都长有"翅"，连续贯通。我在别的植物上还没见到这种现象。总之，我弄明白了，花魔芋的确只长一片叶子，一片神奇、硕大、复杂的叶子！我曾想数数有多少小裂片，但尝试好几次都失败了。我估计了一下，小裂片至少有 300 片！

　　这幅钢笔素描作品《花魔芋之叶》创作于 2021 年 8 月 30~31 日，画幅高 54 厘米，宽 39 厘米。

拉丁学名: *Corydalis fangshanensis*
W. T. Wang ex S. Y. He

作品类型: 素描

作　　者: 吴秦昌

房山紫堇

　　房山紫堇是罂粟科紫堇属多年生草本植物，别名石黄连。房山紫堇的模式标本采自北京市房山区上方山圣水峪，生于岩石缝中或沟边坡地上。它是少有的几种以北京小地名冠名的野生植物之一，分布地域非常狭窄。1978 年，S. Y. He（贺士元）在《北京植物检索表》上首先发表该物种，但不属于合格发表。1984 年，W. T. Wang（王文采）在《北京植物志》上册上正式合格发表该物种。

　　我用签字笔搭配针管笔完成了房山紫堇生境和植株外形特征的描绘，画幅高 54 厘米，宽 39 厘米。

图注: A. 复叶; B. 花序; C. 下花瓣; D. 内花瓣; E. 上花瓣; F. 雄蕊; G. 雌蕊; H. 蒴果。

拉丁学名：*Oresitrophe rupifraga* Bunge

作品类型：素描

作　　者：吴秦昌

独根草

　　独根草为虎耳草科独根草属植物，生于石灰岩质山地的潮湿缝隙中，花期与
槭叶铁线莲重叠，每年 4~5 月开花。独根草的模式标本采自北京龙泉寺、西域寺，
已有 180 多年历史。它在生命周期里最显著的特征是叶片在开花后才长出来。

　　独根草除了观赏和药用价值之外，还有一个特殊功用——典型的石灰岩指示
植物。我用签字笔和针管笔搭配画出了其生境和整体植株的外形特征，并把不同
生长期的花和叶安排在同一画面内，追求和谐的视觉效果。同时，我画出了独根
草各个器官的细节图。这幅作品的画幅高 54 厘米，宽 39 厘米。

图注：A. 花序局部；B. 雌雄蕊群；C. 萼片；D. 雄蕊；E. 雌蕊；F. 子房横切面，示种子。

拉丁学名：*Clematis acerifolia* Maxim.

作品类型：素描

作　　者：吴秦昌

槭叶铁线莲

　　槭叶铁线莲是毛茛科铁线莲属的一种小灌木，常生长在悬崖峭壁的石缝中。槭叶铁线莲是北京著名的早春观花植物，被誉为"京西崖壁三绝"之一。由于京西石灰岩山地的生境条件极为严苛，加之人类活动干扰，其种群数量逐年减少，已经成为濒危物种，被列入国家二级重点保护野生植物。

　　槭叶铁线莲是北温带古老植物分类群的残余物种，1879 年由俄国医生莱茨克尼德博士在北京百花山发现，1897 年由俄国植物分类学家马克西莫维奇正式命名。

　　我用签字笔和针管笔搭配画出了它的生境和植株的整体形态，同时以放大图、剖面图等方式画出了它的营养器官、生殖器官的识别特征。这幅作品的画幅高 54 厘米，宽 39 厘米。

图注：A. 叶；B. 聚合瘦果具宿存花柱；C. 花朵（示花萼）；D. 雌雄蕊群；E. 雄蕊；F. 雌蕊。

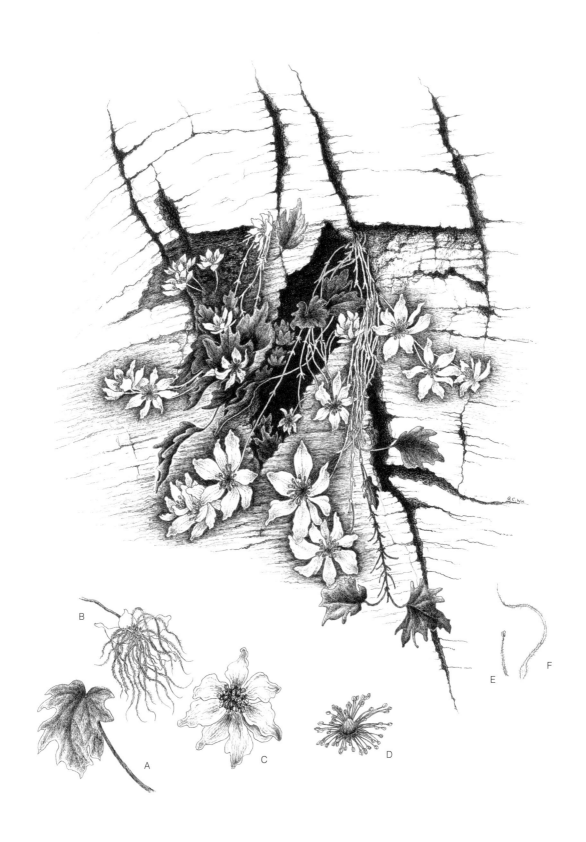

槐的拉丁学名：*Styphnolobium japonicum* (L.) Schott

侧柏的拉丁学名：*Platycladus orientalis* (L.) Franco

作品类型：墨线

作　　者：杨绮

槐和侧柏

　　槐是豆科槐属植物，俗称蝴蝶槐、国槐、金药树、豆槐、槐花树等，羽状复叶。侧柏是柏科侧柏属常绿乔木，俗称香柯树、香树、扁桧、香柏、黄柏，枝叶扁平，鳞片状小叶对生。槐树和侧柏都是长寿树种。北京地区已知最古老的侧柏生长在京郊密云新城子镇，名为"九搂十八杈"，从周朝至今已历经了 3000 多年的风霜雨雪，彰显了大自然的神奇。

　　本作品名为《槐柏合抱》，是应"冬奥之花"——华北地区特有植物博物画征集活动创作的，植物样本位于北京中山公园，是北京地区有记载的古树名木，在一株 600 余岁的古侧柏裂开的主干间自然寄生着一株 200 多岁的古槐，古木合抱，生机勃勃。国槐和侧柏是北京的市树，是北京这个"双奥"之城最具代表性的植物。2021 年 7 月，国际奥委会通过了奥林匹克新格言，在"更快、更高、更强"的基础上增加了"更团结"。这让我对"冬奥之花"博物画创作有了进一步的奥运文化思考。我最终确定以"槐柏合抱"作为创作对象，希望除了呈现奇特有趣的自然现象，更以古树名木象征着一座历史久远、文化源远流长的古都与古老的奥林匹克运动的奇妙牵手，借植物的共荣共生来传递我对奥林匹克团结、友谊、和平的宗旨及理念的赞颂。

　　画面中除了高大苍郁的主树，还画了几只相互顾盼的喜鹊。喜鹊在中国传统文化里是颇受偏爱的艺术形象，我取"四喜临门"之意。远处的草坪也用了形似祥云的造像。这些物象源于现实当中的植物生境，丰富了画面表现力，同时体现了我的情感及对自然的理解，赋予作品一定的时代特征。

拉丁学名：*Actinidia arguta* Planch

作品类型：墨线

作　　者：杨绮

软枣猕猴桃

　　软枣猕猴桃，俗称软枣子、紫果猕猴桃、心叶猕猴桃，是一种落叶藤本植物，叶片边缘具繁密的锐齿。这幅作品所描绘的植物样本取自北京市与河北省交界处的雾灵山。2021年夏天，我在此写生。

　　雾灵山是燕山山脉的主峰，4.5亿年前那里还是一片汪洋大海，新生代第三季出现了被子植物、脊椎动物，温带落叶森林形成。第四季冰期，雾灵山的针叶阔叶混交林形成。雾灵山奇峰林立，峡谷幽深，植被葱郁，泉涌飞流，是国家级自然保护区，也是华北地区的生物资源宝库。野生软枣猕猴桃现被列为国家二级重点保护野生植物，生长在大山深处的河谷中。时值夏日，其宽大的叶片衬托着青枣般的果实，新老藤蔓缠绕，姿态非常生动。我截取了其中一段进行刻画，又查阅资料，在画面的一侧补充了软枣猕猴桃开花时的形态。通过这幅博物画，我力求传递出对雾灵山生物多样性的赞美。

拉丁学名：*Chrysanthemum morifolium* Ramat.

作品类型：墨线

作   者：杨绮

菊花（之一）

　　菊花是北京市的市花之一。这幅作品的植物样本来自 2022 年北京天坛公园第四十一届菊花展参展作品，它有一个诗意的名字——"国华神舞"。

　　菊花，别名鞠、秋菊，是菊科菊属的多年生草本植物，叶子呈羽状，浅裂至深裂，头状花序多姿多彩。菊花是全球花卉中品种最多的一个种，保留下来的传统名菊和新培育的名菊品种大约有 2000 个。我国是菊花的故乡，菊花也印证了中国与世界上其他地区相互交流的历史。相传唐宋时代，菊花经朝鲜传到日本，17 世纪传到欧洲，然后传到美洲，如今已成为世界名贵花卉。国华系列的菊花是我国从日本国华园返引种的系列品种。

　　作品中的这朵菊花呈粉紫红色，舌状花瓣如汤匙内凹，花头为叠球型，直径约为 20 厘米，层层花瓣向心合围，少许外轮花瓣下垂和长飘，美丽端庄，落落出众。在中国文化里，菊花具有独特的个性和傲人的风骨，它不与百花争艳，独显"此花开尽更无花"的诗情。菊花也是健康长寿的象征。2023 年立春，我在独本菊"国华神舞"写生稿的基础上创作成了这幅《菊华蝶舞》，既有亲历三年抗击"新冠"疫情不凡之旅的感慨，也有对未来人类拥有更健康的生存品质的期许。

拉丁学名：*Chrysanthemum morifolium* Ramat.

作品类型：墨线

作　者：杨绮

菊花（之二）

　　这幅作品的样本名为"军旗"，来自 2022 年第十三届菊花擂台赛北京世界花卉大观园展区。菊花在中国已有 4000 多年的栽培历史。据记载，最早的园艺栽培品种是"九华菊"，有两层舌状花，出现在晋代，既可药用也可供观赏。这届擂台赛的主题是"菊耀金秋共霜舞，芬芳吐艳汇匠心"，依然体现了菊花极高的文化价值和园艺水准。

　　在千娇百媚的参赛品种中，0759 号"军旗"独显出与众不同的粗粝和苍劲。植株高 80 厘米左右，茎秆直立挺拔，花瓣如舌呈卷散状，花瓣外侧为金黄色及深红色交融，内侧则是沉稳厚重的深红色。外缘隆起明显硬朗的粗条纹，让人一眼看上去就联想到猎猎军旗，真是花如其名。在创作中，我使用长线条对物象做了干净利落的处理，将高点上正反呼应的两个花瓣加以强调，其形如迎风的旗穗。

　　在这幅作品收笔当夜，第 22 届世界杯的问鼎之战令人荡气回肠。阿根廷球王梅西就像世界足坛上的一面高昂的旗帜，勇往直前，终登理想的巅峰。作为植物画的作者，我借菊抒情，以"军旗"象征踔厉奋进的时代精神和理想主义情怀，致敬军旗精神！

拉丁学名：*Cinnamomum camphora* (L.)J. Presl

作品类型：水彩 + 彩铅

作　者：余汇芸

樟

　　樟，又名香樟、油樟，是樟科樟属的常绿大乔木，产自我国南方及西南各省区，越南、朝鲜、日本也有分布，其他各国常引种栽培。

　　互生的叶片多为卵状椭圆形，长 6 ~ 12 厘米，侧脉及支脉脉腋上有明显隆起的腺窝，窝内常被柔毛；圆锥状花序腋生，长 3.5 ~ 7 厘米；花为绿白色或带黄色，长约 3 毫米，常有淡淡的清香。

　　樟全身是宝，根、枝、叶可用于提取樟脑和樟油，木材可用于制造房屋、船只和家具。由于生命力顽强，樟被作为幸福、长寿、和谐的象征，深受百姓喜爱。有人赞它"挺高二百尺，本末皆十围。天子建明堂，此材独中规"，有人赞它"栋梁庇生民，艅艎济来哲"。在古代江南地区，人们在女儿出生时会栽种这种树木，等到女儿出嫁时就会用樟木制作陪嫁的樟木箱，满盛父母的爱陪伴女儿终身。江西、湖南等地的人们则把樟认作娘娘。孩子刚出生时，人们在孩子胸口的衣服里塞上孩子的姓名、生辰八字及"认娘书"，并把孩子抱到樟树下，祈祷樟树娘娘护佑这个孩子。春节时，孩子还要给樟树娘娘拜年，有些地方的人们还会在樟树上贴春联，挂彩灯、彩带。

　　如今，樟树是我国的绿化之王，北纬 33 度以南的城市中几乎都有它的身影。它不仅是江西、浙江的省树，还是杭州、苏州、长沙等 30 多个城市的市树。

拉丁学名: *Etlingera elatior* (Jack) R. M. Sm.

作品类型: 水彩 + 彩铅

作　　者: 余汇芸

瓷玫瑰

　　瓷玫瑰又称火炬姜，是姜科茴香砂仁属植物，原产于印度尼西亚、马来西亚、泰国等热带国家，我国广东、福建、台湾、云南等地有引种栽培。

　　瓷玫瑰为多年生草本植物，盛花期为 5~10 月。花大且造型奇特，色彩瑰丽，观赏价值极高。蜡质花朵未开时如含苞待放的玫瑰，故得瓷玫瑰之名。若花朵完全开放，则又如红莲，有碗口大小。第一次看见瓷玫瑰时，我还以为这是装饰用的假花。瓷玫瑰的叶互生，呈线形或椭圆状披针形。茎有地上茎和地下茎之分，地上茎被叶鞘包裹，一般不外露。地下茎和美人蕉相似，呈匍匐状生长。与常见的姜科植物相比，瓷玫瑰要高大得多，据说在原产地株高可达 10 米以上。由于其独特的观赏价值，瓷玫瑰不仅作为观赏植物种植，还是非常受欢迎的鲜切花。

　　除了好看，瓷玫瑰还可以食用，苞片可经油炸制成小零食，花蕊及花瓣可作为椰浆饭、沙拉、米粉等食物的配料。大家是不是已经迫不及待地想尝尝了？

拉丁学名：*Holopogon pekinensis* X. Y. Mu & Bing Liu

作品类型：墨线

作　　者：臧文清

北京无喙兰

这幅作品采用墨线技法，描绘了野生状态下的北京无喙兰的花、果实、根状茎的自然外观。

北京无喙兰是极为珍稀的腐生兰科植物，由北京林业大学的沐先运教授于2017年在北京延庆山区首次发现并发表，目前野外仅记录几十株，均分布于北京周边山区。

2019年秋季，沐老师带队到北京百花山进行植物调查，重点任务是详细考察之前他标记的北京无喙兰种群。团队克服了野外科考的各种困难（包括被荆棘刺伤、意外摔倒等），找到标记位置，兰花却神秘地消失了。失望之余，沐老师他们向周边展开地毯式搜索，终于在附近的山石角落里发现了5株。经详细观察和记录后，他们拍下了珍贵的北京无喙兰照片。腐生兰花由于其营养特性，对气候和生境的要求极为特殊，在北京郊野生长殊为不易。北京无喙兰种群的发现和留存也表明了京郊生物多样性保护卓有成效。

我的一位朋友是这个团队的一名成员，他讲述完这段经历后，我被北京无喙兰的神秘和沐老师团队孜孜以求的学术精神深深打动了。我决定用博物画再现北京无喙兰的风姿。本作品参考了沐老师团队现场拍摄的照片，并征求了沐老师本人的意见。

图注：A. 花；B. 果实；C. 根系；D. 植株。

A

B

D

C

拉丁学名：*Cypripedium fargesii* Franch.

作品类型：水彩

作　　者：张磊

毛瓣杓兰

　　毛瓣杓兰的植株高约 10 厘米，茎直立，长达 9 厘米；叶片为宽椭圆形至近圆形，长 10~15 厘米，宽 8~14 厘米，上面有黑栗色斑点；花葶顶生一花，花瓣为长圆形，内弯而围抱唇瓣，白色内表面上有淡紫红色条纹，外表面上有细斑点，背面上侧密被长柔毛。花期为 5~7 月。

　　毛瓣杓兰生于海拔 1900~3200 米的灌丛下、疏林中或草坡上的腐殖质丰富处，分布于甘肃南部、湖北西部和四川东北部至西部。毛瓣杓兰很独特，它的花不像其他兰科植物的花那样大而醒目。它有两片宽圆的叶子，绿色的底色上面分布有褐色斑点，让人印象深刻。

拉丁学名：*Deinanthe caerulea* Stapf

作品类型：水彩

作　　者：张磊

叉叶蓝

　　叉叶蓝，又名银梅草，是绣球花科多年生草本植物，叶形奇特，叶片的先端常二叉裂，花呈蓝色。叉叶蓝是中国特有的珍稀植物，仅分布于湖北西部，主要生长在神农架林区海拔 500~1600 米的山谷沟边及林下的阴湿草丛中，种群数量极为稀少。武汉植物园对叉叶蓝进行了引种保存，并进行了迁地保护。

拉丁学名：*Paris polyphylla* Smith.

作品类型：水彩

作   者：张磊

七叶一枝花

七叶一枝花为藜芦科重楼属植物，其特征是在一圈轮生的叶子中冒出一朵花，花的形状像极了它的叶子。花分成外轮花及内轮花两部分，其中外轮花与叶子很像，约有6片，而内轮花约有8片。七叶一枝花的叶序属轮生叶，叶数存在个体差异，从4片到14片都有，多数情况下为7片。花的结构特别，花萼为绿色，花瓣呈细丝带状，明显长于花萼。

拉丁学名: *Actinidia* spp.

作品类型: 水彩

作　者: 张磊

猕猴桃（之一）

　　在我的童年记忆中，野生猕猴桃的果实或甜或酸、或苦或涩，刺激着我的味蕾，给我留下的印象好不深刻，陪伴着我走过了一个个丰收的季节。它带给我的不仅仅是一种味觉感受，更是我的过去和童年。

　　我对猕猴桃的认识一直停留在童年的味觉感受之中。一个偶然的机会，我有幸参观了武汉植物园猕猴桃育种中心。第一次近距离接触这么多种类的猕猴桃，我十分激动，决定用一种特殊的方式记录下这一刻。

　　猕猴桃属有55个种，多分布于亚洲东部和南部。我国有52个种，分布于东北、华北、华中、西北、西南等地区，其中44个种为特有种。这幅作品以武汉植物园猕猴桃育种中心提供的照片为原型进行创作，表现了猕猴桃果实性状的多样性。

拉丁学名：*Actinidia* spp.

作品类型：水彩

作　　者：张磊

猕猴桃（之二）

　　我们常常通过猕猴桃果实的大小、形状、颜色、质地及风味等来判断品种。在这幅作品中，我以软枣猕猴桃（*A. arguta*）、毛花猕猴桃（*A. eriantha*）、京梨猕猴桃（*A. callosa* var. henryi）、中华猕猴桃（*A. chinensis*）、大籽猕猴桃（*A. macrosperma*）、山梨猕猴桃（*A. rufa*）、柱果猕猴桃（*A. cylindrica*）、对萼猕猴桃（*A. valvata*）、浙江猕猴桃（*A. zhejiangensis*）、阔叶猕猴桃（*A. latifolia*）等为研究对象，描绘了其果实的外部形态及横、纵切面。这样可以让公众观察和对比各种果实的异同点。